· 陆胤 郭梁 徐豪◎著 ·

碳理论基础与
碳中和技术研究

TANLILUN JICHU YU
TANZHONGHE JISHU YANJIU

U0253611

中国农业出版社
北 京

前 言
FOREWORD

碳中和是我国生态文明建设整体布局和重要目标，也是事关国家产业结构转型升级的一项重要工作。碳达峰、碳中和的目标，将对我们的生产方式、生活方式、交易方式和治理方式产生重大影响，需要我们不断地思考如何更好地推动全产业链的转型发展，以科技创新推动碳中和进度；如何更好地优化新能源产业，推动构建清洁能源、安全高效的能源体系；如何更好地把握好科技、金融在能源发展上的互融作用，促进碳中和目标下的跨产业融合发展。

实现碳达峰、碳中和目标，将促使人类历史上第一次实现跨国跨界、全球协作的能源革命和产业变革。在全球范围内各行业领域交叉融合、开发碳中和技术是应对气候变化与可持续发展的必然选择。2020年，中国向世界承诺2030年前实现碳达峰，2060年前力争实现碳中和的目标，这是我国积极应对气候变化的国策。该目标对我国是挑战，更是机遇，将催生各行业领域交叉融合的新理论、新技术、新产品及新产业发展，从而实现经济、能源、环境、气候的可持续发展。

各行业努力实施碳达峰、碳中和的国家战略，实现低碳转型，必定需要不同学科之间在基础理论、方法与手段、技术与应用等多方面开展广泛和有深度的交叉融合。基于此，本书以相关领域的科学研究、工程技术、应用与实践等方面为基础，探究了碳中和相关的技术和应用，目的是向读者介绍不同行业和领域碳中和技术的相关知识。

本书共分七章内容。第一章阐述了碳理论的基础知识，第二章阐述了气候变化的科学内涵、成因和危害等内容，第三章阐述了缓解气候变化的实践措施，第四章阐述了能源领域的碳中和技术，第五章阐述了建筑领域的碳中和技术，第六章阐述了交通领域的碳中和技术，第七章为结论。

碳中和技术覆盖面广，发展也十分迅速，各种创新技术层出不穷。随着科学技术不断发展，本书的内容需要与时俱进、不断更新。由于作者水平所限，书中难免有疏漏之处，恳请各位读者批评指正。

著　者

2024 年 1 月

目 录
CONTENTS

前言

第一章
碳基础知识

碳循环是全球最重要的物质循环之一，由碳元素组成的各种各样的物质存在于地球各个角落。碳的存在形式有碳单质和碳化合物。碳化合物可分为气体化合物、固体化合物及有机物，代表性的碳化合物分别为二氧化碳（CO_2）、碳酸钙（$CaCO_3$）、叶绿素、甲烷（CH_4）等。碳的各种单质和化合物通过自然封存或人为封存的方式，存在于自然界与人类社会中。

生态系统是由生物及非生物环境共同构成的统一的动态综合体，通过其内部各组分之间以及与其周围环境间的物质能量交换，发挥着重要的生态功能，是全球碳循环的核心部分，并有多种途径来固定和封存 CO_2。CO_2 封存是深度减排的关键内容，人为碳储存分为地质封存与海洋封存两种。碳在自然界中主要以 CO_2 和有机碳的形式传递。在生物体中有机碳和 CO_2 并存，在无机界主要是以 CO_2 的形式循环。碳循环是指碳元素在地球系统不同圈层中迁移、转化的过程。碳循环为地球物种提供了生存所必需的条件，在自然环境物质循环中具有十分重要的地位。了解碳元素的存在形式与储存、碳循环的机制，是解决温室效应等诸多气候环境问题的前提。

第一节　碳的存在形式

碳在大气、生物圈、水圈和岩石圈中无处不在。它是生命有机体的关键成分，也是参与陆地生物地球化学循环最活跃的元素之一，在海洋中以氧化离子的形式溶解，在岩石圈中普遍存在。在岩石中，碳要么以还原态形式存在（如石墨、金刚石），要么以氧化态形式存在（如碳酸盐），或以分子或离子的形式存在于地热流体和硅酸盐熔体中。碳既可以单质形式存在（如金刚石、石墨等），也可以化合物形式存在（主要为钙、镁以及其他电正性元素的碳酸盐）。

一、碳单质

碳元素位于元素周期表中的第二周期ⅣA族，位于非金属性最强的卤族元素和金属性最强的碱金属之间。碳原子以其独特的杂化方式，构筑了丰富多彩的碳单质世界。纯净的碳单质主要有 3 种，分别是金刚石、石墨和 C_{60}。现在已知的碳的同位素共有 15 种。除此之外，碳单质还包括碳纳米管、石墨炔、石墨烯和 T-碳。

（一）金刚石

金刚石是一种由碳元素组成的矿物，是石墨的同素异形体。它是无色正八面体晶体，成分为纯碳。金刚石是由碳原子以晶格结构连接在一起而形成的，每个碳原子与其相邻的四个原子之间有共价键，形成一个四面体结构。在金刚石中，将四面体单元连接成三维结构的最常见方式是立方体形式。金刚石的另一种结构是六边形纤锌矿晶体。金刚石的立方体形式在自然界中最常见的形式是八面体或十二面体。金刚石的分子结构使其具有极高的硬度，被公认为是自然界中最硬的材料。此外，金刚石还具有较高的耐磨性和导热性。

根据金刚石在红外线、可见光和紫外线中的吸收情况，可将其分为Ⅰ型和Ⅱ型。大多数金刚石是Ⅰ型金刚石，并且为性能优良的绝缘体。同时也存在Ⅰ型和Ⅱ型混合型金刚石。Ⅱ型金刚石在 220 纳米～2.5 微米和大于 6 微米范围内是透明的，Ⅰ型金刚石在 330 纳米～2.5 微米和大于 10 微米范围内是透明的。无色（白色）金刚石是最稀有和最有价值的宝石（钻石）之一。金刚石最常见的颜色有黄色和棕色，其他颜色包括橙色、粉色、淡紫色、绿色、蓝色、红色和黑色，这取决于光谱中可见区域的吸收带。

（二）石墨

石墨是碳的一种同素异形体，为灰黑色、不透明固体，化学性质稳定。它是原子晶体、金属晶体和分子晶体之间的一种过渡型晶体，鉴于其特殊的成键方式，现在普遍认为石墨是一种混合晶体。截至目前，中国是石墨的主要生产国，占全球石墨产量的近 80%，紧随其后的是巴西、加拿大、印度、朝鲜等国家。

目前用于商业用途的石墨有三种类型：

（1）脉状或块状石墨。脉状或块状石墨是由液体沉积的，通常是纯粹的完美结晶。它产于高级变质岩或岩浆岩的矿脉中，最著名的矿床在斯里兰卡。

（2）片状石墨。片状石墨在世界范围内的高级变质岩（如大理岩、片岩、片麻岩）中普遍存在，通常以大于 100 微米的晶体形式存在，浸染在碳含量为 5%～40% 的块状岩石中。

（3）非晶或微晶石墨。非晶或微晶石墨也存在于变质岩中，其碳体积含量为 15%～80%（质量百分含量）。这种石墨由小石墨颗粒组成，一般尺寸在 1 微米以下。非晶或微晶石墨用于商业用途时需要提纯，正常情况下提纯包括在水泥浆中磨铣，并通过浮选将石墨从矿物基质中分离出来，提纯后可能会进行酸处理，或高温加热处理。

（三）C₆₀

C₆₀ 是由 12 个互不相连的五边形和 20 个六边形镶嵌而成的球形 32 面体，其结构如图 1 - 1 所示，C₆₀ 分子通常被称为巴克球。组成五边形的键全部为单键，经测定其键长为 0.144 7 纳米，共有 60 个单键，具有很强的三阶非线性电子亲和性与还原性。五边形相邻的两个六边形共边的 C-C 键为双键，共有 30 个双键。C₆₀ 的 60 个碳原子是完全等价的，C₆₀ 分子在固体中处于一种热力学无序态，并且是各向异性的。

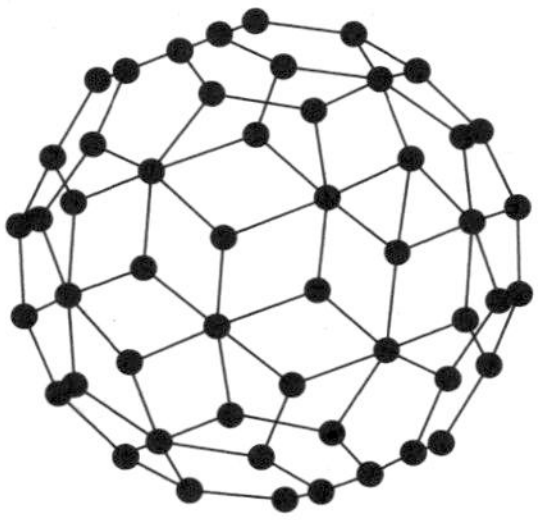

图 1 - 1　C₆₀ 的结构

C₆₀ 外观呈深黄色，随厚度不同颜色可呈棕色到黑色，密度为（1.65±0.1）克/厘米³，不导电，熔点大于 500 摄氏度。C₆₀ 是含有大 π 键的非极性分子，易溶于苯、甲苯等含有大 π 键的芳香性溶剂中。C₆₀ 具有吸电子性，易与供电子的有机物结合，生成电荷转移型材料，光的吸收增大会得到更多的电子、空穴载流子，电导率因而增大。因此，C₆₀ 可用于光敏器件、静电复印等。此外，C₆₀ 是一种半导体，可用作晶体管和计算机芯片。C₆₀ 还可应用于超导材料中，从而拥有更广泛的应用，如高级电动机、无阻抗损耗的输电线、存储电能的超导器件、磁浮列车等。

（四）碳纳米管

碳纳米管由碳原子 sp² 和 sp³ 混合杂化而成，分子结构如图 1 - 2 所示。碳纳米管可以看作是一块被卷成一根管子的石墨片。与金刚石不同的是，一个三维金刚石立方晶体结构是由四个相邻的碳原子组成的一个四面体，石墨是由一个二维碳原子组成的六边形阵列。在这种情况下，每个碳原子有三个最近的"邻居"。将石墨片轧制成圆柱体就形成了碳纳米管。碳纳米管的性质取决于原子的排列、纳米管的直径和长度，以及纳米管的形态或纳米结构。其管壁有单层和多层之分，即单壁碳纳米管和双壁碳纳米管。碳纳米管和单壁碳纳米管最早分别被发现于 1976 年和 1993 年。日本电子公司 NEC 在 1991 年的 *nature* 中展示了通过电子显微镜观察到的石墨碳螺旋微管[①]，此结构标志着一个新研究领

图 1 - 2　碳纳米管的分子结构

① Ijima S，*Helical microtubules of graphitic carbon*，*Nature*，1991，354（6348）：56-58.

域的诞生。

碳纳米管具有优良的机械、物理、化学性能，研究者们提出了大量的方法来大规模生产碳纳米管，对其进行修饰，并将其集成应用于器件、材料科学、催化和能源研究等领域。

碳纳米管作为一种性能优良的催化剂载体，广泛应用于多种工业反应中，以提高反应的选择性和转化率，节约资源，降低能源消耗。使用碳纳米管代替活性炭或其他载体的优点在于催化剂在碳纳米管上的高度分散性和固锚性，阻碍了金属颗粒在高温下的烧结。在光催化中使用碳纳米管作为载体是基于其良好的导电性，可以有效地分离电子和空穴。碳纳米管在催化方面的一个较为创新的用途是可以在均相和非均相反应中取代过渡金属（氧化物），并取代贵金属，主要用作氧化还原反应的电催化剂，这一应用在燃料电池中有较大的应用前景。

碳纳米管的另一个重要应用领域是在能源储存和转换设备中的应用，如有机发光二极管、锂离子电池、超级电容器和燃料电池等。在能量存储方面，碳纳米管可用作电极添加剂，以提高电池的速率性能。此外，碳纳米管在复合材料中也有应用，如作为橡胶或聚合物的添加剂，以增强或改善其机械性能。

（五）石墨炔

2010年，中国科学院化学研究所李玉良团队成功合成了一种全新的碳的同素异形体——石墨炔。石墨炔呈现出独特的二维排列方式，拥有丰富的晶格结构和能带结构，如图1-3所示。石墨炔是由 sp 和 sp^2 两种杂化形式的碳原子组成的二维层状结构，是一种新的碳的同素异形体，石墨炔中 sp 和 sp^2 杂化碳原子排列规律的不同决定了其不同的结构特征。

石墨炔是第一种同时具有电子二维快速转移通道和离子三维快速转移通道的碳材料。二维富电子的全碳特性赋予石墨炔相当高的导电性和可调谐的电子性质，而平面内的空腔赋予了它对电化学活性金属离子的内在选择性和可接近性。此外，它在温和条件下易于制备，很好地弥补了传统 sp^2 杂化碳材料（碳纳米管、石墨烯和石墨）在高效合成和加工方面的缺点，具有潜在的电化学应用价值。石墨炔在催化、燃料电池、锂离子电池、电容器等方面具有优良的性能。例如，石墨炔可以涂覆在阳极材料或集电器表面，作为人工的固体电解质界面层，抑制阳极与液体电解质的连续反应。在特殊设计的帮助下，由铜纳米线芯和石墨炔涂层组成复合材料可显著提高容量，拥有卓越的速率性能。

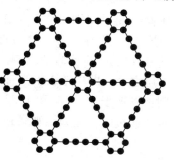

图1-3 石墨炔的分子结构

(六) 石墨烯

石墨烯是一种碳原子采取 sp^2 杂化、只有一个碳原子层的二维结构的碳单质，是按蜂窝状六边形排列的平面晶体，如图 1-4 所示。石墨烯比金刚石强度更大，透光率高达 97.7%，是世界上最薄最坚硬的纳米材料。它的载流子表现出巨大的固有流动性，有效质量为零，在室温下可以移动 1 微米而不散射。石墨烯可以维持比铜高 6 个数量级的电流密度，具有高热导率和高硬度，不透气性好，并能调和脆性和延展性等相互

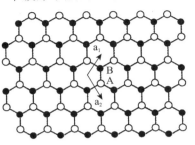

图 1-4　石墨烯的晶体结构

矛盾的特性。石墨烯会带来资源、环境、化工、材料、能源、传感、交通机械、光电信息、健康智能、航空航天等领域的变化。此外，工业化生产则将促进化工、机械、制造、自控等行业的技术提升。添加石墨烯可以产生多功能复合材料，用来制造高性能电池、电容器等。

石墨烯在国内发展迅速，清华大学采用激光刻划技术制备了蜂窝多孔石墨烯，如图 1-5 所示。轻量化、柔性的蜂窝多孔石墨烯具有良好的电磁屏蔽性能和力学性能，并且成本低、易于批量生产，在电磁屏蔽和可穿戴电子产品中具有广阔的应用前景。

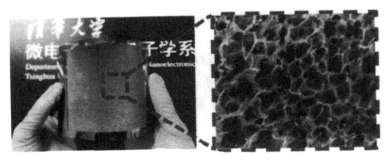

图 1-5　蜂窝多孔石墨烯材料

(七) T-碳

T-碳可以简单地用碳四面体的 C_4 单元替换立方金刚石中的每个碳原子而得到，如图 1-6 所示，T-碳的名字也由此而来。T-碳的空间基团与立方金刚石相同，有两个四面体（共 8 个碳原子）。

形成三维 T-碳的碳原子的几何构型在热力学上是稳定的。T-碳的巨大热能表明其具有作为热电材料进行能量回收和转换的强大潜力。此外，由于

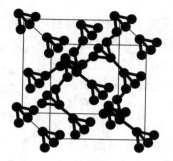

图 1-6 T-碳的立方晶体结构

T-碳本身是一种蓬松的碳材料，与其他形式的碳材料相比，其原子间有较大的间距，这可能使它在储氢领域（根据 T-碳吸附的最大氢分子数，可以估算储氢值）、锂电池和其他可充电储能器件的电极材料领域具有潜在的用途。

未来 T-碳的研究将主要集中在以下几个方面：如何促进 T-碳在能源领域的应用；如何寻找新的 T-碳基超导体；如何利用 T-碳已有的研究成果来启发其他经典碳结构的研究，或者反过来启发其他经典碳结构的研究[①]。

二、碳化合物

（一）气体化合物

1. 二氧化碳

二氧化碳是一种碳氧化合物，化学式为 CO_2，分子量为 44，常温常压下 CO_2 是人类活动排放的最主要的温室气体，其主要由含碳燃料的燃烧和动物代谢产生。大气中含有少量的 CO_2，占大气总体积的 $0.03\%\sim0.04\%$。全球的 CO_2 排放部分来自工业过程和交通运输中的化石燃料燃烧。同时，由于石油和天然气的持续使用，人类活动产生的 CO_2 排放量可能会进一步增加。

2. 一氧化碳

一氧化碳化学式为 CO，分子量为 28，通常状况下是无色、无臭、无味的气体。物理性质上，CO 的熔点为 -205 摄氏度，沸点为 -191.5 摄氏度，难溶于水（20 摄氏度时在水中的溶解度为 0.002 838 克），不易液化和固化。在工业化学中，CO 是碳化学的基础，是许多重要化学产品的关键原料，如图 1-7 所示。

① Yi XW, Zhang Z, Liao ZW, et al., *T-carbon: Experiments, properties, potential applications and derivatives*, Nano Today, 2022, 42: 101346.

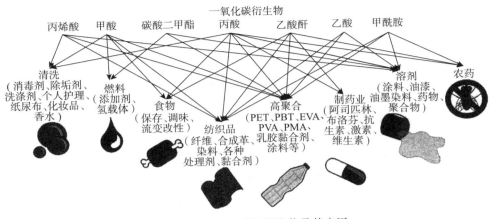

图 1-7 一氧化碳的衍生物及其应用

（二）固体化合物

1. 碳酸钙

碳酸钙是一种无机化合物，化学式为 $CaCO_3$，俗称灰石、石灰石、石粉等，是地球上常见物质之一。$CaCO_3$ 为白色微细结晶粉末，无味、无臭，有无定形和结晶两种形态。

2. 碳酸钠

碳酸钠又名苏打或碱灰，化学式为 Na_2CO_3，分子量为 106。Na_2CO_3 常温下为白色无气味的粉末或颗粒，有吸水性。Na_2CO_3 是重要的化工原料之一，广泛应用于轻工日化、建材、化学工业、食品工业、冶金、纺织、石油、国防、医药等领域。

3. 碳酸氢钠

碳酸氢钠分子式为 $NaHCO_3$，是一种无机盐，白色结晶性粉末，无臭，味碱，不溶于乙醇、易溶于水，在水中溶解度为 7.8 克（18 摄氏度）。常温下性质稳定，受热易分解，在 50 摄氏度以上迅速分解。$NaHCO_3$ 在工业上的用途十分广泛，包括作为制药工业的原料，作为疏松剂辅助生产饼干、面包等；用于生产酸碱灭火机和泡沫灭火机，以及生产橡胶和海绵等。

（三）有机物

有机物是生命存在的物质基础，所有的生命体都含有机化合物，如脂肪、氨基酸、蛋白质、叶绿素、酶、激素等。生物体内的新陈代谢和生物的遗传现象，都涉及有机化合物的转变。此外，许多与人类生活密切相关的物质，如石油、天然气、棉花、染料、化纤、塑料、有机玻璃、天然和合成药物等，均与有机化合物有着紧密联系。常见并具代表性的有机物为甲烷和叶绿素。

1. 甲烷

甲烷分子式为 CH_4，分子量为 16。CH_4 是最简单的有机物，也是含碳量最小（含氢量最大）的烃。CH_4 不仅是天然气、垃圾填埋气体的主要成分，也是炼油和化学加工的副产品。它作为一种清洁的化石能源或一种原材料，具有巨大的潜在价值。目前对 CH_4 的应用主要是利用 CH_4 生成化学品和燃料，其主要步骤为甲醇生产、甲醇转化为烯烃和汽油、产品回收分离。

CH_4 是仅次于 CO 的最大的羟基自由基（OH），因此其对全球对流层的氧化能力起着重要的决定作用。CH_4 排放来自湿地、农业（如稻田、动物和废物）、人为排放（如化石燃料的生产和消费）、生物质和生物燃料的燃烧，少量排放来自地质渗漏等。此外，由于海洋和地表气温变暖，一些科学家认为海底 CH_4 水合物的不稳定和北极永久冻土融化可能导致 CH_4 的大量释放。

2. 叶绿素

叶绿素是植物进行光合作用的主要色素，是一类含脂的色素家族，位于类囊体膜。叶绿素吸收大部分的红光和紫光但反射绿光，因而呈现绿色，在光合作用的光吸收中起核心作用。叶绿素分子是由两部分组成的：核心部分是一个卟啉环，其功能是光吸收；另一部分是一个很长的脂肪烃侧链，称为叶绿醇，叶绿素用这种侧链插入到类囊体膜。叶绿素分子通过卟啉环中单键和双键的改变来吸收可见光。

目前，植物光合碳代谢途径主要有三条：磷酸戊糖还原（C_3 途径）、二羧酸还原（C_4 途径）和景天酸代谢（CAM 途径）。

第二节　碳的储存形式

碳储存是一种资源再利用，其安全性直接关系到人类社会的可持续发展。碳储存方式可分为自然封存和人为封存。

一、自然封存

生态系统是由生物及非生物环境共同构成的统一的动态综合体，通过其内部各组分之间以及与其周围环境间的物质能量交换，发挥着重要的生态功能，是全球碳循环的核心部分，有多种途径来固定和封存 CO_2。

（一）生态系统固碳的概念

生态系统固碳主要指陆地和海洋生态系统在光合作用的过程中自然捕获大气中 CO_2 的过程。碳的自然封存（碳汇）是指植物吸收大气中的 CO_2 并将其固定在植被或土壤中，从而减少该气体在大气中的浓度。生态系统固碳的方式不一，可通过光合作用将碳、CO_2 固定在植被中，或通过将残留于土壤中的植被的凋零物和根系分泌物运至水体或海洋中进行固碳。

生态系统固碳的依托环境为森林、土壤等，其碳储量是生态系统长期碳储存的结果，是生态系统现存的植被生物有机量、凋落物有机碳和土壤有机碳储量的总和。森林生态系统的碳大多储存在树干、树枝和树叶中，通常称为生物量。对海洋生态系统和湿地生态系统而言，固碳不仅源于水生植物和藻类光合作用所固定转化的 CO_2，还源于河水输入有机质的沉积。

森林、海洋或其他自然环境有能力将碳从树叶等短期不稳定的碳库转移到周转缓慢的长期碳库，如固定生物量或土壤中难以降解的有机物。碳封存的能力取决于生态系统作为碳汇或碳源所花费的时间平衡，这是根据生态系统从大气中吸收 CO_2 的能力来定义的。一个生态系统可以在某一年成为碳汇，在另一年成为碳源，但必须在很长一段时间内成为碳汇，才能吸收更多的碳。

（二）生态系统固碳的分类

1. 陆地生态系统固碳

地球上的生命有很多种形式，但所有的生命形式都有一个共同的元素——碳。碳是生物的基本组成部分，通过捕获辐射，它还发挥着重要作用——维持地球大气层的温度以适宜生命生存。像所有物质一样，碳既不能被创造也不能被毁灭，而是通过物理和生物的复杂结合，在生态系统和环境之间不断交换。近几十年来，这些交换导致了陆地表面碳积累的增加。

2007—2017 年，陆地碳汇从大气中去除了 32.6% 的人为化石燃料和工业排放，占总排放的 28.5%（考虑土地利用变化的影响），这些生物碳汇大大减少了 CO_2 在大气中的积累，从而减缓了温度变化的速度。

热带森林约占地球陆地初级生产力的 1/3，占地球陆地植被碳储量的一半。陆地生态系统的大部分碳汇发生在森林中，在 20 世纪 90 年代和 21 世纪初，结构完整的热带森林约吸收了全球陆地碳汇的一半，减少了约 15% 的人为 CO_2 排放，可以通过减缓 CO_2 在大气中的积累速度来减缓人为气候变化。

森林将大量的碳封存在木质生物量和土壤中，所有的固碳行为都是森林在自然条件下通过自身的生长来完成的，即使实施了人为的经营措施，也只是通过促进森林的生长来完成增汇的功能。森林往往比大多数其他生物群落具有更大的碳汇能力，因为树木将碳储存在木本组织中，而木本组织能够保护树木免受分解和呼吸释放的影响，而非木本植物将更多的生产力分配给叶片和细根，它们的循环速度更快。

但森林生态系统容易受到外界因素干扰（如火、有害昆虫、病害等），导致其固碳功能不太稳定。同时，不同的森林管理策略会影响森林生态系统的碳汇，将林地转变为农地、商业性采伐，及非商业产品如薪炭材的采伐，都会减少森林生态系统的碳储存量，而造林、施肥、森林保护等管理对策则能增加生态系统的碳储量。有数据表明，世界森林中存在很强的碳汇，如图1-8所示，在TRENDY模型、涡动协方控NFP和全球高尺度NFP三种测量方式下各类生态系统生产的碳汇量很可观。

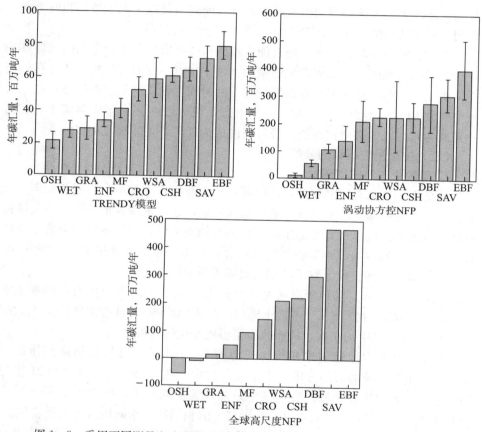

图1-8　采用不同测量方式测得世界森林的年碳汇量（年净生态系统生产量）
　　注：OSH为开放灌丛带、WET为湿地、GRA为草地、ENF为常绿针叶林、MF为混交林、CRO为农田、WSA为木本草原、CSH为封闭灌丛带、DBF为落叶阔叶林、SAV为草原、EBF为常绿阔叶林。

　　此外，城市植被是城市生态系统碳循环中的重要环节，可以影响大气中的CO_2含量。城市的工业、交通发展迅速，工厂中的化石燃料在使用过程中放出大量CO_2，同时汽车排放的尾气中也含有大量CO_2。城市中的植被因生长过程中的光合作用而固定 CO_2，可以抵消部分化石燃料使用过程中产生的 CO_2，进而调节气温、改善城市的气候环境。

城市中乔木的碳储量是整个城市植被碳储量的主要部分，其中大树（胸径大于 73 厘米）对碳储量的贡献是小树（胸径小于 4 厘米）的 1 000 倍甚至更多。自然生态系统中植被的凋落部分和被啃食部分的碳一般会在 3 年甚至更短的时间中基本释放，与之不同的是，城区绿色垃圾（包括凋落物和修剪物）会被运到垃圾填埋场深埋，或者做成合成板材或纸张。填埋的绿色垃圾中有 30%～50% 的碳会被长期固存，而制成的家具中的碳被固存更长的时间。因此，城市中的凋落物和修剪物比自然生态系统中的凋落物对碳汇的贡献更大。

目前，陆地碳汇的主要驱动因素可分为以下几种：

（1）直接气候效应，如降水、温度和辐射状况的变化，包括干旱、热浪和水汽压亏缺上升引起的水力压力的影响等。

（2）大气成分效应，如 CO_2 施肥、养分沉积等。

（3）土地利用变化的影响，如森林砍伐、植树造林、农业实践等。

（4）自然干扰的影响，如飓风、野火、害虫和病原体的变化率。

2. 海洋生态系统固碳

海洋是地球上最大的碳库，它能够吸收和储存大量的 CO_2，从而减缓全球变暖的影响。海洋生态固碳，是指通过海洋"生物泵"的作用进行固碳，即由海洋生物进行有机碳生产、消费、传递、沉降、分解、沉积等系列过程，从中实现"碳转移"。海洋生态系统固碳的主要方式有两种：生物泵和碳酸盐泵。

生物泵是指海洋表层的浮游生物（如藻类、细菌、原生动物等）通过光合作用将 CO_2 转化为有机碳，并通过食物链或沉降作用将其转移至海洋深层的过程。生物泵的效率取决于海洋表层的光照、温度、营养盐、生物多样性等因素。生物泵每年能够将 10 亿～15 亿吨的碳从大气转移到海洋，占海洋固碳总量的 80% 以上。

碳酸盐泵是指海洋中的有壳生物（如珊瑚、贝类、有孔虫等）通过生物矿化作用将 CO_2 转化为碳酸盐，并将其储存在海洋中的过程。碳酸盐泵的效率取决于海洋的酸碱度、钙离子浓度、生物多样性等因素。碳酸盐泵每年能够将 2 亿～3 亿吨的碳从大气转移到海洋，占海洋固碳总量的 20% 以下。

海洋生态系统固碳对于维持地球的碳平衡和气候稳定具有重要的作用。然而，随着人类活动的增加，海洋生态系统固碳的能力正面临着严峻的挑战。一方面，人类排放的温室气体导致海洋酸化，降低了碳酸盐泵的效率，同时也影响了有壳生物的生存和繁殖；另一方面，人类的过度捕捞、污染、开发等活动破坏了海洋的生态平衡，减少了生物泵的效率，同时也造成了生物多样性的丧失。

为了保护海洋生态系统固碳的功能，我们需要采取有效的措施，如减少温室气体的排放，提高海洋的碱度，恢复海洋的生态系统，保护海洋的生物多样性，增加海洋的固碳潜力。同时，我们也需要加强海洋生态系统固碳的科学研究，提高海洋生态系统固碳的监测和评估，探索海洋生态系统固碳的机制和模式，优化海洋生态系统固碳的管理和政策。只有这样，我们才能够有效地利用海洋生态系统固碳的优势，为应对全球变暖的挑战作出贡献。

（三）生态系统固碳的途径

1. 生物固碳

植物光合作用是地球上最大规模固定和利用 CO_2 的方式，每年约 1 000 亿吨的碳被固定转化为有机物。生物固定 CO_2 的途径有多种（表 1-1），主要包括 Calvin-Benson 循环、还原乙酰 CoA 途径、3-羟基丙酸、还原三羧酸循环。

表 1-1 生物固碳的途径

固碳途径	代谢	物种
还原戊糖磷酸循环 （Calvin-Benson 循环）	有氧光合作用	植物、藻类、蓝细菌
	无氧光合作用	变形菌
	硫化物氧化	变形菌
	硝化作用	变形菌
	Fe 氧化	变形菌
	Mn 氧化	变形菌
	H_2 氧化	革兰阳性菌、变形菌
还原乙酰 CoA 途径	硫酸盐还原	革兰阳性菌、变形菌、古生球菌属
	产 CH_4 作用	产 CH_4 菌
	乙酸形成	变形菌
	同型产乙酸菌	革兰阳性菌
还原三羧酸循环	无氧光合作用	绿硫细菌
	硫酸盐还原	变形菌
还原三羧酸循环	S 氧化	硫化叶菌木
	S 还原	硫化叶菌木、热变形菌目
	氧还原	产水产氢杆菌属
3-羟基丙酸	无氧光合作用	绿屈挠菌科
	S 氧化	硫化叶菌木
	S 还原	硫化叶菌木

Calvin-Benson 循环是生物中最普遍的 CO_2 固定途径，由 Melvin Calvin 等人利用 C 同位素标记实验发现，并获得 1961 年诺贝尔化学奖。Calvin-Benson 循环可分为核酮糖-1、5-二磷酸的羧化，磷酸甘油酸的还原和核酮糖-1、5-二磷酸的再生三个阶段。光合作用还原 CO_2 主要发生在暗反应阶段的 Calvin-Benson 循环过程。

2. 土壤固碳

土壤有机碳库是陆地生态系统中的重要碳库，在全球碳循环过程中起着极其重要的作用。土壤有机质包括植物和动物体残渣、土壤生物的细胞和组织、由土壤生物合成的物质。土壤有机质中的碳含量，即为土壤有机碳。土壤中分解合成的各类有机质虽然只占其总量的一小部分，却在土壤形成、维持肥力和缓冲性、调节气候和支持农林业可持续发展等方面发挥着至关重要的作用。土壤碳储量是大气中碳含量的 2～3 倍，但耕作等活动会导致碳以温室气体的形式释放到大气中。然而，通过采取恰当的管理措施，可以有效减少碳排放。作为一个活跃的碳库，土壤对气候变化具有敏感的反馈作用。据估计，土地利用引起的碳排放约占全球人为温室气体排放总量的 14%。近几十年的研究表明，通过改善土地利用方式和管理模式可以减少土壤温室的气体排放，增加土壤碳储存。有研究指出，土壤固碳的潜力为 7×10^8 吨（碳当量）/年。

在土壤生态系统的碳循环中，微生物扮演着关键角色。它们通过分解土壤中的碳，并将其转化为 CO_2，是土壤碳释放到外界的主要途径。随着气候变暖和气温升高，微生物活动加速，导致土壤碳释放过程加剧，进而加速了土壤碳的排放。研究表明，在这一过程中，寒区土壤中的碳释放得最快，并且微生物降解土壤碳的效率主要取决于温度及底物的结构，随着温度的升高，部分难降解底物也会被降解[1]。在对加拿大泥炭、寒区冻土、土壤有机质及北极冻土的研究中发现，土壤中碳元素的稳定性随着温度升高而降低，升温会增加土壤碳排放[2]。

目前，学界对土壤中微生物和有机碳的研究正不断深入。通过对土壤中含碳大分子的特征分析发现，微生物的分解产物将通过与矿物质的强化学键合最终成为稳定的土壤有机质的主要前体。对土壤有机碳的研究也从以前的单一研究土壤腐殖质，到后来的土壤颗粒态碳和轻组、重组有机碳，再发展到土壤有

---

① Frey S D，LEE j，Melillojm，et al.，*The temperature response of soil microbial efficiency and its feedback to climate*，*Nature Climate Change*，2013，3（4）：395-398.

② Natalis M，Schuur E A，Mauritz M，et al.，*Permafrost thaw and soil moisture driving CO_2 and CH_4 release from upland tundra*，*Journal of Geophysical Research*：*Biogeosciences*，2015，120（3）：525-537.

机碳的动态研究，土壤有机碳的运动过程和分解与转化。

二、人为碳封存

人为碳封存可以分为海洋封存和地质封存两种。

海洋封存是指将 CO_2 注入海洋中，利用海水的溶解能力和生物化学反应，使 CO_2 转化为其他形式，如碳酸盐或有机物。海洋封存的优点是海洋的容量很大，可以储存大量的 CO_2。海洋封存的缺点是可能会影响海洋的酸碱平衡和生态系统，造成海洋酸化和生物多样性的下降。

地质封存是指将 CO_2 注入地下的岩层或空洞中，利用地质结构和物理化学过程，使 CO_2 固定或转化为其他形式，如碳酸盐或石油。地质封存的优点是可以利用已有的设施和技术，如石油和天然气的开采和输送系统，以及可以提高石油和天然气的采收率。地质封存的缺点是可能会引起地震和渗漏，造成地下水的污染和大气中的 CO_2 增加。

人为碳封存是一种有前景的深度减排的技术，但也存在着诸多风险。人类需要在科学研究和政策制定上加强合作，以确保人为碳封存的安全和有效，同时也要寻求其他的减排途径，如提高能源效率和发展可再生能源，从而实现低碳的可持续发展。

第三节　碳的转化

碳在自然界中主要以 CO_2 和有机碳的形式循环。在生物体中有机碳和 CO_2 并存，在无机界主要是以 CO_2 的形式循环。

一、自然界中碳及其化合物之间的转化

自然界中，碳及其化合物进行转化，如图 1-9 所示。在地质时间尺度上，CO_2 的循环基本上有两个过程驱动：通过火山活动的 CO_2 排放，洋中脊排气和变质作用；以及大陆硅酸盐风化的消耗和沉积物中有机碳的储存作用。化学风化通过吸收大气 CO_2 并将其储存在风化产物（短期储存）中或形成海洋沉积物（长期储存）而影响碳循环。

固体地球内部（地壳、地幔和地核）是一个巨大的碳库，地壳与地幔含碳量为 $10^{21} \sim 10^{23}$ 摩尔，是地球表层流体态碳的 $10^3 \sim 10^4$ 倍，而地球内部每年以 CO_2 等形式向大气圈释放的碳通量可达 $10^9 \sim 10^{10}$ 吨。火山活动能够持续地向大气圈释放巨量的 CO_2 气体，是地球深部碳向地表输送的有效途径。大规模的火山喷发作用能够贯穿地球的不同圈层，促进地球各圈层之间的物质交

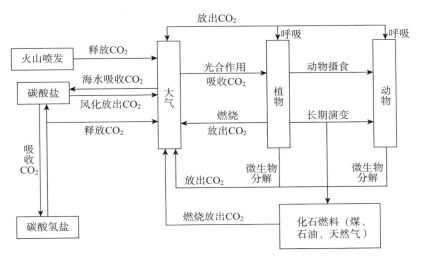

图 1-9　自然界中碳及其化合物之间的转化图解

换，并将大量含 CO_2 的火山气体输送入大气圈，导致全球范围的气候和环境变化。

火山活动是碳元素从地幔进入到大气层的主要方式。地幔中的碳元素大部分是以碳酸盐的形式存在，但也有大量的 CO_2 封存在地幔深处，溶解于液态岩石中。同时，火山喷发初期会引起全球降温，促进陆地和海洋对大气 CO_2 的吸收；随着陆地植被和土壤对大气 CO_2 的吸收，大气 CO_2 浓度持续降低造成大气 CO_2 浓度低于海洋表层 CO_2 的分压，引起海洋净排气。

海洋是一个巨大的缓冲体系，具有潜在的缓冲大气 CO_2 的能力。在海洋的表面混合层中，由于生物的光合作用，CO_2 不断被转化成有机碳和无机碳的碳酸盐（CO_3^{2-}）、碳酸氢盐（HCO_3^-）。在混合层以下，这些碳部分以碎屑的形式沿水柱下沉，在海洋较深处发生分解和溶解，导致氧的消耗，释放出营养盐和再生 CO_2。

此外，河流流域之间的相互作用也会造成碳转移。水—岩—土—气—生相互作用的碳酸盐风化效应，最终可形成有机碳并长期稳定。河流中的碳主要分为四类：溶解无机碳、颗粒无机碳、溶解的有机碳和颗粒有机碳。其中，消耗无机碳的碳酸盐矿物风化的典型反应如下：

$$Ca_4Mg_{1-x}CO_3 + CO_2 + H_2O \rightarrow xCa^{2+} + (1-x)Mg^{2+} + 2HCO_3^-$$

$$(1-1)$$

溶洞的形成是石灰岩地区地下水长期溶蚀的结果，石灰岩里不溶性的碳酸钙（$CaCO_3$）受 H_2O 和 CO_2 的作用能转化为微溶性的 $CaHCO_3$。灰岩中的钙被水溶解带走，经过几十万、上百万甚至上千万年的沉积钙化，石灰岩地表就会形成溶沟，地下就会形成溶洞。该过程中，碳以不同形式存在、转化：

$$CaCO_3+CO_2+H_2O \xrightarrow{点燃} Ca（HCO_3）_2 \qquad (1-2)$$

$$Ca（HCO_3）_2 \xrightarrow{\triangle} CaCO_3\downarrow+CO_2\uparrow+H_2O \qquad (1-3)$$

二、生产与生活中碳及其化合物间的转化

碳的化合物数量众多，且分布极广。碳及碳的化合物在人类生产生活中应用广泛，碳及其化合物之间的转化也有着重要意义。

（一）高炉炼铁

高炉炼铁是指应用焦炭、含铁矿石和熔剂在高炉内连续生产液态生铁的方法。在此过程中，碳与碳化合物发生转化：

$$yCO+FexO_y \xrightarrow{高温} xFe+yCO_2 \qquad (1-4)$$

$$C+O_2 \xrightarrow{点燃} CO_2 \qquad (1-5)$$

$$C+CO_2 \xrightarrow{高温} 2CO \qquad (1-6)$$

（二）化石燃料燃烧

随着城镇化的不断深入，巨大的能源消耗不可避免地将会使生产与生活中 CO_2 排放量逐年增长。在工业生产过程中，化石燃料由于其形成过程需要经历较长时间的积累，含有较高比例的碳元素，相比于其他常规燃料，其燃烧时会释放出更多的 CO_2。例如，天然气在燃烧过程中，生成 CO_2 和 H_2O：

$$CH_4+2O_2 \xrightarrow{点燃} CO_2+H_2O \qquad (1-7)$$

三、有机物之间的碳转移

有机物种类繁多，可分为烃和烃的衍生物两大类。根据有机物分子的碳架结构，还可分成开链化合物、碳环化合物和杂环化合物三类。根据有机物分子中所含官能团的不同，又分为烷、烯、炔、芳香烃和卤代烃、醇、酚、醚、醛、酮、羧酸、酯等。如图 1-10 所示，有机物之间可以通过各种化学反应互相转化，常见的有机物转化可通过多种方式进行。

（一）CH_4 发酵

农业生产中，碳会通过 CH_4 发酵转移。有机质，如农作物的秸秆、青草、树叶等，在一定温度、湿度、酸碱度和密封的条件下，经细菌的发酵分解作用，即可产生 CH_4：

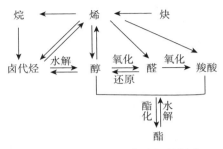

图 1-10　常见有机物之间的转化

$$(C_6H_{10}O_5)_n + nH_2O \xrightarrow{\text{细菌作用}} 3nCO_2\uparrow + 3nCH_4\uparrow + 热量$$

$$(1-8)$$

CH_4 发酵的生物化学过程，主要有三个方面：

（1）酸和醇分解。

$$CH_3COOH \rightarrow CH_4 + CO_2 \qquad (1-9)$$

$$4CH_3OH \rightarrow 3CH_4 + CO_2 + 2H_2O \qquad (1-10)$$

（2）醇分解并还原 CO_2。

$$2CH_3CH_2OH + CO_2 \rightarrow 2CH_3COOH + CH_4 \qquad (1-11)$$

$$2C_3H_2CH_2OH + CO_2 \rightarrow 2C_3H_7COOH + CH_4 \qquad (1-12)$$

（3）氢还原 CO_2。

$$CO_2 + 4H_2 \rightarrow CH_4 + 2H_2O \qquad (1-13)$$

（二）生物体内的化学反应

生物体需要一个不断自我更新的过程，这些过程的完成离不开生物体内形式多样的化学反应。在生物体内进行的化学反应又称为生化反应，主要发生在内环境中，体内生化反应都由酶催化，酶和反应物溶于水中，才能发生反应，水为体内物质提供载体和介质。

生物体内的新陈代谢包括合成代谢（同化作用）与分解代谢（异化作用）。例如，糖原（C—H—O—）、脂肪 $[C_3H_5(OOCR)_3]$ 和蛋白质各自通过不同的途径分解成葡萄糖（$C_6H_{12}O_6$）、脂肪酸和氨基酸 $[R—CH(NH_2)—COOH]$，再氧化生成乙酰辅酶 A，进入三羧酸循环，最后生成 CO_2，从而完成碳传递过程。

四、碳裂变与碳聚变

核裂变与核聚变都来源于爱因斯坦的质能方程，核裂变是一个大质量原子核分裂成几个原子核的变化（如铀、钍等质量非常大的元素），核聚变是小质量的原子核相互聚合，从而形成质量更大的原子核的变化（主要指氘、氚）。核裂变可以产生巨大能量（核能），方式分为自发裂变和诱发裂变，在电力能源（如核电站）、武器（如原子弹）等领域多有应用。相对于裂变反应，聚变过程中会产生巨大的能量，但是聚变也更加难以控制，产生聚变反应的条件十分苛刻，必须在极高的温度和压力下才能发生。太阳发光发热的能量来源便是核聚变，人类利用核聚变反应制造出了氢弹，由核裂变引发。与聚变相比，裂变的优点在于获得的能量巨大，产生废物少。核裂变与核聚变能源的开发应用也是许多国家研究发展的重点。

对于碳元素，若能发生裂变或聚变，在减碳、固碳的同时也能获得巨大的能量，但碳元素的原子核质量较小，并不能发生裂变反应，但是碳元素可以发生聚变反应，即碳聚变。碳聚变可分为两类：

（1）第一类。

$$C+C \rightarrow Ne+He+4.617\ \text{兆电子伏特} \qquad (1-14)$$
$$\rightarrow Na+H+2.241\ \text{兆电子伏特}$$
$$\rightarrow Mg+n-2.599\ \text{兆电子伏特}$$

（2）第二类。

$$C+CMg+\gamma \rightarrow O+He \qquad (1-15)$$

尽管碳元素存在聚变，但是其聚变条件极为苛刻，目前只有在质量较重的恒星耗尽内部较轻元素后，并且需要温度约 6×10^8 开尔文以及密度约 2×10^8 千克/米^3 才会发生，聚变产物为氧、镁、氖三种元素。由于碳聚变反应难以发生，并且难以控制，碳聚变目前难以利用。碳达峰和碳中和目标的实现主要在于碳的转移和储存。

第四节　碳　循　环

碳循环是指碳元素在地球系统不同圈层中迁移、转化所构成的循环。碳循环为地球物种提供了生存所必需的条件，在自然环境物质循环中具有十分重要的地位。了解碳循环的机制，是解决温室效应等诸多气候环境问题的前提，重要性不可言喻。碳循环在生物圈、大气圈、水圈及岩石圈中进行，在地球系统的不同圈层中，碳含量的容量相差悬殊，并且各个圈层之间的碳循环时间尺度也各不相同，如图 1-11 所示。碳循环与水循环、氮循环、养分循环、生物多样性等都有密切联系。人类社会活动、地壳板块运动、天文轨道及生物圈的各种过程都是影响碳循环的重要因素。

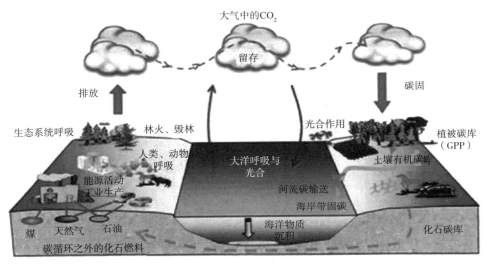

图 1-11　地球表层的碳循环尺度

一、生物圈碳循环

生物圈是地球上最大的生态系统，是一个生命物质与非生命物质自我调节的系统。它的形成是生物圈与水圈、大气圈与岩石圈长期相互作用的结果。生物圈的生态系统按类型可分为陆地生态系统和水域生态系统，陆地生态系统又可分为森林生态系统、草地生态系统、土壤生态系统、城市生态系统、农田生态系统等。水域生态系统主要是指陆地水域和海洋水域形成的生态系统。

陆地生态系统碳循环（图 1-12）是驱动整个生态系统变化的关键过程，是许多抗击气候变化组织与研究机构的研究热点。陆地碳循环是在不同时间和空间尺度上运行的多种不同过程的表现。此碳循环最易受人类活动的影响，同样人类活动也更容易调控该碳循环过程。构成陆地生态系统碳循环过程主要包括自然碳转化（如植物光合作用、凋落物分解等）、人类活动碳转化（如化石燃料燃烧、土地使用等）及风化、侵蚀和搬运等。自然碳转化过程是指植物通过光合作用将大气中的 CO_2 固定在植物体内，这部分固定的有机碳称为初级生产力，储存在植物体内的有机碳部分会通过自养呼吸、异养呼吸，即死亡有机体与土壤微生物分解等途径向大气释放 CO_2。其中，净初级生产力＝初级生产力－自养呼吸，净系统生产力＝净初级生产力－土壤微生物分解。将净系统生产力去除人类活动和自然灾害流失的碳，称为净生物群落生产力。

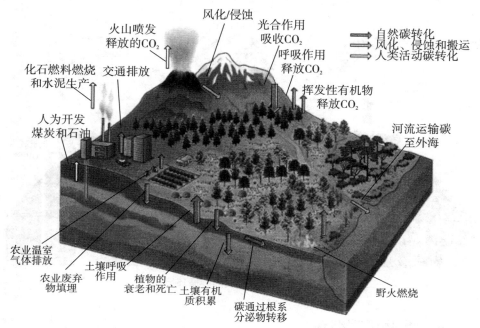

图 1-12　陆地生态系统碳循环示意

（一）森林生态系统碳循环

森林生态系统碳循环是指森林植被通过光合作用，把空气中的 CO_2 合成有机物质，又经过微生物的分解和植株呼吸而放出 CO_2 的一种碳循环过程。森林生态系统是陆地最复杂的生态系统，在碳循环中有重要作用，全球大约 1/2 的陆地初级生产力由森林产生，它是陆地生态系统中最大的碳库。森林受人类活动影响较多，小幅度碳汇波动便能引起大气圈中 CO_2 的浓度变化，由于森林生态系统碳循环的复杂性，其碳循环不易被准确评估。主要研究模型有生物地理静态模型、区域生态系统碳循环模型、生物地球化学动力学模型等。森林生态系统碳循环如图 1-13 所示。

（二）草地生态系统碳循环

草地生态系统是全球分布最广、植被最丰富的生态系统之一。草地土壤拥有大量有机物，是陆地生态系统的重要组成部分，占比相较于森林生态系统较少，但是覆盖了非冰陆地面积的 40%。草地生态系统可以有效改善土地和生态系统的健康、复原力、生物多样性及水循环，在减缓和适应气候变化及碳循环过程中占有非常重要的地位，对于高纬度冻原和高海拔高寒草地生态系统对气候变化的反应相较于森林生态系统极其敏感。草地生态系统碳循环极易受到

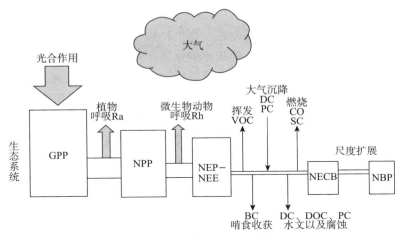

图 1 - 13　森林生态系统碳循环

注：GPP 为总初级生产力（gross primary productivity）；NPP 为净初级生产力（net primary productivity）；NEP 为净生态系统生产力（net ecosystem productivity）；NEE 为净生态系统碳交换量（net ecosystem exchange）；NBP 为净生物群区生产力（net biome productivity）；NECB 为净生态系统碳收支（net ecosystem carbon budget）。

干旱的影响，与森林生态系统碳循环不同，其碳外部循环过程主要在植被—土壤—大气循环完成，内部碳循环过程主要在植被—凋零物—土壤—植物中进行循环。草地生态系统碳循环如图 1 - 14 所示。

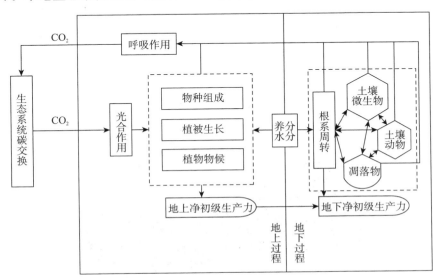

图 1 - 14　草地生态系统碳循环

（三）土壤碳循环

土壤为地表植物、土壤内部动物、微生物提供了生长环境，是陆地上最大的有机碳缓冲区，碳库储量是大气碳库的 3 倍，约为陆地植被碳库的 5 倍。土壤呼吸是土壤碳排放的主要途径，土壤呼吸包括微生物呼吸、根呼吸和动物呼吸，以及土壤中发生的非生物学过程。大气 CO_2 浓度、土壤温度、降水量、植被等许多影响因子都会影响土壤碳循环过程。植物利用太阳光能及其他形式的化学能吸收大气中的 CO_2，将其转化为储存能量的有机化合物，人类及其他高等动物从植物中获取物质和能量，并将死亡组织和废物返回土壤。微生物分解这些物质，释放其中的养分后，将一部分碳转变为稳定的土壤腐殖质，另一部分以 CO_2 形式释放进入大气，再次供植物吸收。

（四）城市生态系统碳循环

城市生态系统与农田生态系统均为人造生态系统，城市是人类活动、能源应用以及化石燃料燃烧的主要区域，全球大约 75% 的 CO_2 排放源自城市地区。尽管城市面积较小，约占地表面积的 2%，但城市的能源、资源及碳排放吸收并不能自给自足，城市区域的影响范围较大，在全球范围内，城市化是环境变化和碳循环改变的主要组成部分。

城市地区的碳循环主要发生在城市植被、土壤及大气中，城市的碳循环可分为垂直通量及水平通量。城市地区碳的垂直通量有自然和人为的成因，自然起源或植被的通量包括生态系统的光合作用和呼吸作用。人类活动产生的垂直通量来自化石燃料的燃烧、废物的分解和人类的呼吸。城市地区的碳的水平通量主要是由人类活动驱动的。这些通量包括食物和纤维从农田和森林转移到城市系统，以及垃圾在城市蔓延，最终流入通常位于城市边缘的垃圾填埋场。城市碳循环如图 1-15 所示。

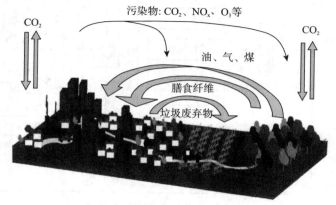

图 1-15　城市碳循环示意

（五）农田生态系统碳循环

农田生态系统是重要的碳源及碳汇，其碳循环过程与草地生态系统碳循环过程类似，但是由于农田生态系统是人造生态系统，主要受人类活动控制，其循环过程如图 1-16 所示。总体上可以分为对碳的固定、储存和释放三个部分，人工进行播种、施肥，增加了植物碳库及土壤碳库中的碳储量，而后植物通过光合作用和呼吸作用与大气交换碳元素，土壤通过呼吸作用进行碳循环，在整个陆地生态系统中，农田生态系统是活跃的碳库。

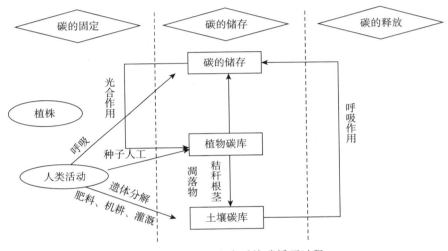

图 1-16　农田生态系统碳循环过程

在农田生态系统中，农作物吸收大气中的 CO_2，在其生长周期中，以凋落物、有机质释放等方式回到农田的土壤碳库。同时，农田生态系统的碳库也会与外部碳库形成碳输出，部分随着人畜粪便等形式返回系统。

农田生态系统碳循环模型根据其空间尺度可以分为四类：斑块尺度、灌区尺度、流域尺度和全球尺度。每个尺度存在不同的模型，优缺点也各不相同。斑块尺度范围最小，是研究某一植株或某一斑块周围环境的碳循环。灌区尺度是对同一灌区作物量的估算。流域尺度与全球尺度范围则是较大范围，在全球气候变化的研究中影响较大。

二、水圈碳循环

（一）海洋碳循环

海洋在全球碳循环中有极其重要的地位，现代海洋光合作用吸收的 CO_2 约占全球总量的 50%，自工业革命以来海洋吸收了约 21% 的人为 CO_2 排放量。碳在海洋中的存在形式可分为以下几种，溶解无机碳（占主要部分，约97%）、溶解有机碳、颗粒有机碳、碳酸盐等。

海洋碳循环如图1-17所示。海洋中碳在非生物碳和生物碳之间的转换以及相互作用十分复杂，溶解度泵、生物泵及碳酸盐泵是描述碳在海洋中循环的三种机制，另外中国学者还提出了微生物泵机制。溶解度泵是指将CO_2从海洋表面运送到内部的物理和化学过程，不涉及生物过程，CO_2可以溶于海水并与海水反应生产溶解无机碳，溶解无机碳的平衡又会影响CO_2的溶解度。生物泵是指颗粒有机物由海洋表层转向深层的过程，具体是海洋浮游生物等通过光合作用吸收大气中的CO_2，经食物链传递有机碳，并产生沉降。生物泵主要由生物完成，借助沉降作用将碳"泵"入深海。碳酸盐泵的作用机理是海洋生物的钙化作用，海洋表层的钙化生物体表会沉积碳酸钙（通过碳酸盐），钙化生物死亡后壳体沉积，碳酸盐沉积的同时海水也会释放CO_2。微生物泵与生物泵的不同在于不依赖沉降过程，而是依赖微生物的生态过程。海洋中的惰性溶解有机碳可以在海洋中长期储存，是溶解有机碳的一种，其重要来源就是海洋微生物，微生物泵维持着巨大碳库。

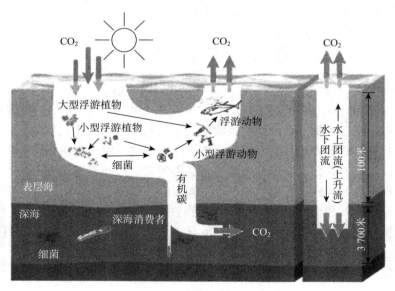

图1-17 海洋碳循环示意

（二）河流湖泊碳循环

河流湖泊碳循环是全球碳循环的重要组成部分，河流湖泊属于内陆水，是碳元素的汇集地之一。河流湖泊碳循环过程如图1-18所示。河流湖泊碳元素的构成与海洋基本相同，但是在碳源输入方面有较多的陆源输入，如人类生活排放、土壤有机物、陆生植物载体等，对于海洋碳库来讲也是重要的碳源。虽然河流与湖泊面积较小，但是对于区域碳循环有重要作用。

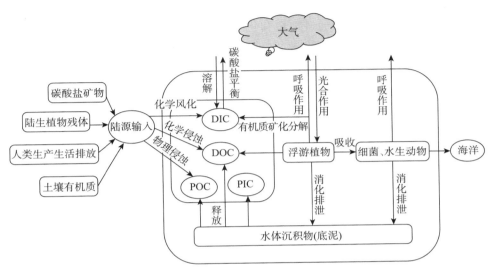

图 1-18　河流湖泊碳循环过程

注：DOC 为溶解有机碳，POC 为颗粒有机碳，DIC 为溶解无机碳，PIC 为颗粒无机碳。

三、大气圈碳循环与岩石圈碳循环

(一)大气圈碳循环

大气碳库是四个碳库中最小的碳库，大气碳库中碳的存在形式主要有 CO_2、CH_4 等。自工业革命以来，由于化石燃料燃烧、土地利用变化等原因，碳循环已失去平衡。CO_2 是全球碳循环的主要物质，近年大气中的 CO_2 浓度迅速上升，从大气中去除额外排放的 CO_2 需要很长时间。随之而来的问题便是严重的温室效应和进一步全球变暖，大气中 CO_2 气体浓度的变化会对陆地碳循环及海洋碳循环的过程造成直接影响。大气中 CO_2 浓度会影响植物的光合作用，加速大多数植物的生长进而影响陆地碳循环。大气中 CO_2 浓度增高会使海洋酸化、海水温度升高，从而导致海洋吸收 CO_2 的能力减弱。生物圈与大气圈之间的碳循环模拟，水圈与大气圈之间的碳循环模型构建一直以来都是人们关注的重点，研究大气圈与生物圈、水圈的耦合作用，为控制气候变化提供依据。

（二）岩石圈碳循环

岩石圈是地球上最大的碳库之一，其含碳量非常丰富。岩石圈中的碳主要是以碳酸盐、沉积物等形式存在。岩石圈碳库活动缓慢，其碳循环时间尺度大，周转时间在百万年左右。同时，岩石圈对于地球的气候和环境变化有着重要影响，地壳中的碳可以通过地热和化学过程释放到大气中，影响全球气候。此外，岩石圈中的碳也与生物圈、水圈和大气圈中的碳循环密切相关，对于维持地球生态系统的平衡和稳定具有重要作用。

第二章 气候变化

气候变化带来的影响在气候系统各个圈层中也都已广泛存在并迅速发展。为保证气候变化在一定时间段内不威胁生态系统、粮食生产、经济社会的可持续发展，必须通过减缓气候变化的政策和措施来控制或减少温室气体的排放。

第一节 气候变化的科学内涵和法律基础

为减缓和适应全球气候变化，保护人类的生存家园，只有先从科学层面搞清楚气候变化的相关科学常识、主要危害和主要成因，掌握气候治理的国际法规、基本原则和重要规则，才能科学有序、合法合规地推进碳达峰、碳中和的相关工作。

一、气候变化的科学内涵

1988年，世界气象组织和联合国环境规划署成立联合国政府间气候变化专门委员会（intergovernment panel on climate change，简称IPCC），旨在全面、客观、公开和透明的基础上评估世界上有关全球气候变化的科学、技术和社会经济信息，反映现有各种观点，并使之具有政策相关性（非政策指示性）。IPCC现拥有195个成员方，汇聚了来自世界各地的成千上万的科学家共同参与研究。IPCC下设三个工作组和一个专题组，每个组下设一个技术支持小组。其中，第一工作组负责评估气候变化的科学基础；第二工作组研究气候变化的影响、脆弱性、适应性；第三工作组负责评估限制温室气体排放或减缓气候变化的可能性；专题组（国家温室气体清单专题组）负责IPCC国家温室气体清单计划。

IPCC本身并不开展研究工作，也不会对气候或其相关现象进行实际监测，其主要工作是发表与执行与《联合国气候变化框架公约》有关的专题报告。IPCC对气候变化的研究成果通过评估报告、特别报告、方法报告和技术报告的形式向世界公开呈现，定期形成供各国决策者应对气候变化参考的决策基础，为全球气候变化提出减缓和适应的指导方案。迄今，IPCC共发布了6次评估报告，各报告要点如表2-1所示。IPCC评估报告为国际气候谈判和各国政府应对气候变化提供了重要的科学依据。

表 2 - 1　IPCC 6 次评估报告要点

评估报告	主要内容	应对措施	作用与意义
第一次评估报告（1990 年）	确认了气候已经发生变化的科学依据：相较于工业革命时期，20 世纪末的大气中含有的温室气体浓度增高，温室效应增强，地面气温上升，冰雪融化、海平面上升、生物多样性减少等现象层出不穷，气候变化对人类生存产生的生态威胁和经济后果逐渐浮出水面	应对全球气候变化需要世界各国以积极合作的形式采取相应对策，发达国家肩负着不可替代的责任和使命	首次将气候问题上升到国家政治层面，为国家之间就气候变化问题展开谈判起到推动作用，时隔两年催生了《联合国气候变化框架公约》，为其制定和达成提供了科学依据
第二次评估报告（1995 年）	研究重点从历史气候问题向模拟时空变化的科学预测转移，以便各国政府提前采取行动应对气候变化，在区分引起气候变化的自然因素和人为因素方面取得了重要进展，指出人为因素中 CO_2 的主导性，气候变化对地球产生的影响开始表现出不可逆转性	全球共同致力于开发减排技术和增加碳汇，进而提出减缓和适应气候变化的对策和方法，从而延长气候变化威胁到来的时间	本次报告的发布正值联合国气候变化大会第二次会议召开，为《联合国气候变化框架京都议定书》的谈判和通过奠定了气候变化的科学基础，作出了重要贡献
第三次评估报告（2001 年）	大部分的气候变暖（约 66%）可以归咎于人类活动，变暖趋势将不断上升，地球系统对气候变化的脆弱性和敏感性正在增加，人类对气候变化的适应性和抵御性正在降低，发展中国家和贫困弱势群体亟待生存救助，降低气候风险和变暖速度的措施应成为后续研究的重中之重	提出的补救措施是降低气候风险，实现可持续发展，通过各国共同努力减少温室气体排放和增加碳汇，进而降低气候变暖速度，延迟和减少气候变化所造成的危害	本次报告不仅专门回应了《联合国气候变化框架公约》第二条关于最终目标的问题，也为各国政府和科研机构在研究气候变化与制定决策时提供了最新的科学依据
第四次评估报告（2007 年）	气候系统变暖是毋庸置疑的，全球升温非常可能（90%）是由人为排放的温室气体浓度增加导致的，这种人为原因对气候变化产生影响的观点被进一步确定，气候变化的事实性明显，极端事件的爆发也在威胁着人类生存，根据预测，21 世纪中叶干旱和暴雨、洪涝灾害的影响将进一步扩大	各国需要携手减缓和适应气候风险，减少温室气体排放和增加以森林为主的碳汇，普及适应性气候变化措施，进而降低气候变化幅度，增强人类社会对自然变化的持续适应能力	本次报告使世界各国政府聚焦全球变暖问题的关注度达到了空前程度，为联合国气候变化大会"巴厘路线图"的制定提供了科学依据，也为《哥本哈根协议》奠定了科学基础，进一步呼吁人们认清气候变化对地球的威胁

（续）

评估报告	主要内容	应对措施	作用与意义
第五次评估报告（2014 年）	以更全面的证据证实了人类活动极有可能（95%以上）导致了 20 世纪 50 年代以来的大部分（50%以上）全球地表平均气温的升高，同时阐明了人类活动对气候系统的破坏是不可逆的，提出了全球碳排放预算（碳预算）的全新概念	各国政府需要全方位多领域共同努力，实现政策响应和资源互补，将减缓和适应两大途径与经济效益和可持续发展相结合，促进减缓气候风险措施的顺利实施	本次报告为各国在 2015 年达成新的国际气候治理协议提供了科学依据，促进了《巴黎协定》的通过和签署
第六次评估报告（2021 年）	第一工作组认为，人类活动排放的温室气体使大气、海洋和陆地变暖是毫无疑问的，部分变化已经不可逆转，当前的气候状态在过去几个世纪甚至几千年里都是前所未有的，变暖速度不断加快，增加了极端高温、降水、干旱和热浪的可能性与严重性；预计在 21 世纪中叶前，全球地表温度在所有排放情景下都会继续升高，升幅至少达到 1.5 摄氏度	由于第二工作组（气候变化的影响、适应性和脆弱性）和第三工作组（气候变化的缓解）报告未公布，暂时缺乏应对方案，但是净零计划和 CO_2 去除技术在全球的推行是必要的	本次成果发布为 2021 年 11 月在英国格拉斯哥召开的第 26 届联合国气候变化大会提供了气候变化的科学证据，警醒人们气候变化已经让人类无法忽视

二、气候治理的法律基础

2021 年 11 月，第 26 届联合国气候变化大会在英国格拉斯哥召开。在全球共同应对气候变化的前 30 多年里，全球气候治理的硕果颇丰，各国共同围绕如何应对气候变化议题展开谈判，打破了国际气候治理利己主义的僵局，签订了多个致力于解决全球气候变化问题的国际公约与文件，逐渐形成了以《联合国气候变化框架公约》为核心框架、《联合国气候变化框架京都议定书》为阶段补充、《巴黎协定》为新制度的应对气候变化的国际多边机制。这三个国际法律文件的主要内容如表 2-2 所示。气候多边机制的形成凝聚了人类渴望保护全球生态环境、努力实现可持续发展目标的不懈追求，也为气候治理进程开发了新思路和新方法，开启了全球气候治理的新时代。

表 2-2　碳达峰、碳中和国际法律基础

文件名	《联合国气候变化框架公约》	《联合国气候变化框架京都议定书》	《巴黎协定》
重要时间节点	1992 年 5 月 9 日通过。同年 6 月开放签署。1994 年 3 月 21 日生效	1997 年 12 月通过。1998 年 3 月 16 日至 1999 年 3 月 15 日期间开放签署。2005 年 2 月 16 日强制生效	2015 年 12 月 12 日通过。2016 年 4 月 22 日开放签署。2016 年 11 月 4 日正式生效
发布主体	联合国环境与发展会议	第 3 届联合国气候变化大会（京都气候大会）	第 21 届联合国气候变化大会（巴黎气候大会）
内容要点	①总目标：将大气中温室气体的浓度稳定在防止气候系统受到危险的人为干扰水平上，这一水平应当在足以使生态系统自然地适应气候变化、确保粮食生产免受威胁并使经济发展可持续地进行的时间范围内实现 ②基本原则："共同但有区别的责任"原则、考虑发展中国家需求的原则、预防原则、可持续发展原则和国际开放合作原则	①总目标：量化缔约方的减排指标，39 个《联合国气候变化框架公约》附件一国家（主要工业发达国家）在 2008—2012 年的温室气体排放量要在 1990 年的基础上平均减少 5.2%；引进可用于完成议定书承诺指标的"碳汇"指标履约 ②基本原则：引入 3 种旨在控制温室气体排放的灵活机制，分别为国际排放贸易机制（IET）、联合履约机制（JI）和清洁发展机制（CDM）	①总目标：明确"硬指标"，在长期目标中规定把全球平均气温较工业化前水平升高控制在 2 摄氏度之内，并为把升温控制在 1.5 摄氏度之内而努力；明确提出全球低碳排放及可持续发展愿景，到 21 世纪下半叶实现温室气体人为排放与清除之间的平衡 ②基本原则：引入以"低碳发展"和"国家自主贡献＋全球盘点机制"为核心的"自下而上"的治理新模式，且增加自主贡献目标根据自身国情逐年增高的条约，鼓励建立一个互信并促进有效执行的强化透明度框架，打破全球气候治理博弈的僵局

（续）

文件名	《联合国气候变化框架公约》	《联合国气候变化框架京都议定书》	《巴黎协定》
内容要点	③具体任务：明确发达国家要承担率先碳减排的主要义务，承认发展中国家的首要任务依旧是发展经济和消除贫困，并发挥自身经济技术优势向发展中国家提供援助支持	③具体任务：再次肯定《联合国气候变化框架公约》相关条款的权威性，明确发达国家应提供新的、额外的资金帮助发展中国家适应气候变化和可持续发展	③具体任务：明确发达国家在国际气候治理中负有主要责任和义务，应带头减缓和适应气候变化，发达国家应积极向发展中国家提供资金支持和技术转让
意义	①第一个旨在全面控制温室气体排放、应对全球气候变暖的具有法律效力的国际公约 ②是国际社会在应对气候变化领域开展国际合作的一个基本框架 ③迄今为止，仍是在国际环境、气候变化、可持续发展等领域涉及面最广、影响最大、意义最为深远的国际性基础法律，被称为"气候宪法"	①它不仅是《联合国气候变化框架公约》的有力补充和延伸，更是《联合国气候变化框架公约》向实现最终目标迈出的实质性一步，是国际环境领域迄今为止第一个具有法律强制约束力的国际性环保条约 ②为39个《联合国气候变化框架公约》附件一国家规定了有法律约束力的减排和限排指标，开创了碳交易市场的先河，3种灵活的履约机制为全球温室气体减排交易提供了法律基础，保障了发达国家的经济权益。其中，清洁发展机制又为发展中国家带来技术和资金支持，体现了国际气候治理合作共赢的局面	①是继《联合国气候变化框架公约》《联合国气候变化框架京都议定书》之后，人类历史上应对气候变化的第三个里程碑式的国际法律文本，形成了2020年后的全球气候治理格局，维护了《联合国气候变化框架公约》的权威性和延续性，被誉为"全人类和地球的一次巨大胜利" ②统筹兼顾各缔约方的共同利益，充分考虑发展中国家、生态环境脆弱国家的诉求，加强应对气候变化的公平性和可行性，"只进不退"的棘齿（ratchet）锁定机制的制定体现了国际社会应对气候变化的长期性的决心 ③各国经济发展向《巴黎协定》靠近，实现创新驱动市场向绿色能源、低碳经济、节能减排、环境治理等领域倾斜，为全球尽早建立绿色发展机制、促进自身经济和低碳"双赢"发展做出突出贡献

（续）

文件名	《联合国气候变化框架公约》	《联合国气候变化框架京都议定书》	《巴黎协定》
形成条件及其过程	①气候变化共识初步达成。联合国人类环境会议（1972年6月）是首次以讨论当代环境问题为主题的国际会议，其通过的《联合国人类环境会议宣言》标志着人类环境观念的重大转变；第一次世界气候大会（1979年2月）提出的"世界气候计划"受到各国最强有力的支持 ②多元倡议压力进行时。加拿大多伦多气候会议（1988年）认为，人类正在进行一场自身未曾意识到的难以控制而又遍及全球的实验，其最终后果或许仅次于一场全球核战争。第二次世界气候大会（1990年10月）认可了IPCC第一次评估报告所揭示的结论，即温室气体增加导致全球变暖，甚至会在21世纪引发重大气候灾害。1992年5月经联合国大会批准通过了《联合国气候变化框架公约》。同年6月在联合国环境与发展会议上154个国家和地区签署了该《联合国气候变化框架公约》	①《联合国气候变化框架公约》威望受挫。《联合国气候变化框架公约》生效后仅有极小部分国家完成了规定的计划，各国开始相互推诿和长期谈判磋商 ②缔约方谈判进行时。《联合国气候变化框架公约》第1次会议（1995年3月）成立了"柏林授权特别小组"，通过了《柏林授权书》等文件，负责起草并进行《联合国气候变化框架公约》的后续法律文件谈判。《联合国气候变化框架公约》第2次会议（1996年7月）通过了《日内瓦宣言》，并将IPCC第二次评估报告作为其他法律文书的基础，要求订立具有法律约束力的目标与显著的减排量，但对有关原则问题无法取得一致。《联合国气候变化框架公约》第3次会议（1997年12月）上149个国家和地区的代表经过激烈的讨论通过了《联合国气候变化框架京都议定书》，但是直到2005年2月16日才得以正式生效	①"后京都时代"开启。《联合国气候变化框架公约》第13次会议（2007年12月）通过"巴厘路线图"，为《巴黎协定》的诞生提供良好的基础；《联合国气候变化框架公约》第15次会议（2009年12月）再次重申了"共同但有区别的责任"原则，明确与工业化前水平相比全球地表温度升高不超过2摄氏度的目标，但是《哥本哈根协议》不具有法律约束力 ②气候政治共识再达成。中美新版联合声明（2009年年底）表明了共同推进气候变化谈判的决心，再一次体现了"共同但有区别的责任"原则。《坎昆协议》《〈京都议定书〉多哈修正案》、"华沙机制""利马气候行动倡议"的形成说明各缔约方已逐步明确将"承诺＋审评"的国家自主贡献模式作为未来的减排机制。《联合国气候变化框架公约》第21次大会（2015年11月30日）经过为期两周的艰苦谈判，近200个缔约方达成一致，通过了《巴黎协定》

（续）

文件名	《联合国气候变化框架公约》	《联合国气候变化框架京都议定书》	《巴黎协定》
备注	①我国于1993年1月5日将批准书交存联合国秘书长处　②截至2022年1月底，《联合国气候变化框架公约》有197个缔约方	①我国于1998年5月签署，并于2002年8月核准了该议定书。2001年美国宣布退出。2011年12月加拿大宣布退出　②截至2009年2月，共有183个国家批准加入	①2016年9月3日，全国人大常委会批准中国加入　②2017年6月，美国宣布退出，并在2020年11月4日正式退出。2021年2月19日美国再度成为缔约方　③2021年11月13日，第26届联合国气候变化大会最终完成了《巴黎协定》实施细则的谈判，开启了全面落实《巴黎协定》的新征程

第二节　气候变化的原因

气候变化的原因主要包括自然因素和人为因素，两种因素共同作用，导致全球气候变暖、极端气候事件频发等严重问题，对人类生存和发展带来严峻挑战。自然因素一定程度上不可控，如果要应对气候变化，我们能做的是在人为排放方面采取措施。

一、影响因素

气候变化的原因主要分为自然因素和人为因素。自然因素包括太阳活动的变化、火山活动和气候系统内部的变化等；而人为因素则涉及人类活动导致的大气温室气体浓度增加（如燃烧化石燃料、毁林）、大气中气溶胶浓度的变化、土地利用和地表覆盖的改变等。

工业化以来，由于煤、石油等化石能源大量使用，造成了大气中CO_2浓度升高，CO_2等温室气体的温室效应导致了气候变暖，众多科学理论和模拟实验均验证了温室效应理论的正确性。只有考虑人类活动作用才能模拟再现近百年全球变暖的趋势，只有考虑人类活动对气候系统变化的影响才能解释大气、海洋、冰冻圈以及极端天气事件等方面的变化。更多的观测和研究也进一步证明，人类活动导致的温室气体排放是全球极端温度事件变化的主要原因，也可能是全球范围内陆地强降水加剧的主要原因。更多证据揭示出人类活动对极端降水、干旱、热带气旋等极端事件存在影响。此外，在区域尺度上，土地利用和土地覆盖变化或森林砍伐等人类活动也会影响极端温度事件的变化，城市化则可能加剧城市地区的升温幅度。

在中国西部，温室气体排放、森林砍伐及土地利用变化等人类活动，极有可能是导致该地区地表温度升高的主因。这些人类活动或导致极端高温事件的增加和极端低温事件的减少，同时可能使得夏季炎热日数和热夜增加，霜冻日和冰冻日减少。此外，人类活动还可能提高高温热浪的发生频率，降低低温寒潮的出现概率。研究显示，自 1950 年以来，人类活动已对中国东部地区的小雨减少和强降水增加产生影响，但其对东亚夏季风引发的南洪北旱格局的影响目前尚不明确。自 1950 年以来，我国极端降水呈现显著增加、增强的趋势，在一定程度上可以检测到人类活动的影响。图 2-1 为现代全球气候变暖的主要原因。

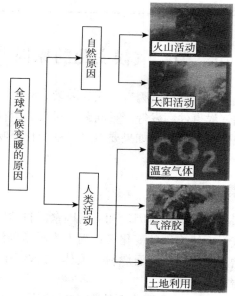

图 2-1　现代全球气候变暖的主要原因

二、温室气体

从组成地球大气的成分来看，氮气（N_2）占比为 78%，氧气（O_2）占比为 21%，氩气（Ar）等差不多占比为 1%，这些占大气中 99% 以上的气体都不是温室气体，这些非温室气体一般来说与射入的太阳辐射相互作用极小，也基本上不与地球放射的红外长波辐射产生相互作用。也就是说，它们既不吸收又不放射热辐射，对地球气候环境的变化基本上不会产生什么影响。对地球气候环境有重大影响的是大气中含量极少的温室气体，这些气体只占大气总体积混合比的 0.1% 以下，但由于它们能够吸收和放射辐射，在地球能量收支中起着重要的作用。

温室气体主要包括水蒸气（H_2O）、二氧化碳（CO_2）、甲烷（CH_4）、氧化亚氮（N_2O）、臭氧（O_3）、一氧化碳（CO），以及氟利昂或氯氟烃类化合物（CFC）、氢代氯氟烃类化合物（HCFC）、氢氟碳化物（HFC）、全氟碳化物（PFC）和六氟化硫（SF_6）等极微量气体。

水蒸气能在大气中凝结并沉降，通常会在大气中停留约 10 天。相较于自然蒸发，人为排放的蒸气量相对较少，因此对长期温室效应的影响不显著。这就是为什么对流层水汽（通常位于低于 10 千米的高度）不被视为主要的人为辐射强迫气体。然而，在平流层（即大气层中约 10 千米以上的部分），人为排放对水汽的影响是显著的。尽管如此，平流层水汽对气候变暖的贡献，无论是从辐射强迫还是反馈的角度来看，都远小于 CH_4 或 CO_2 的贡献。因此，水汽通常被认为是气候变化的反馈因子，而非主要的强迫因子。CO_2、CH_4 等温室气体可以吸收地表长波辐射，与"温室"的作用相似，对保持全球气候的适宜性具有积极的作用。若无"温室效应"，地球表面平均气温将是零下 19 摄氏度，而非现在的零上 14 摄氏度。但是，一旦大气中温室气体的浓度在短时间内出现剧烈变化，气候系统中原有的稳定和平衡就会被破坏。

温室气体基本可分为两大类：一类是地球大气中所固有的，但是工业化（约 1750 年）以来由于人类活动排放而明显增多的温室气体，包括 CO_2、CH_4、N_2O、O_3 等；另一类是完全由人类生产活动产生的（即人造温室气体），如氯氟烃、氟化物、溴化物、氯化物等。例如，氯氟烃（如 CFC-11 和 CFC-12）曾被广泛用于制冷机和其他的工业生产中，人类活动排放的氯氟烃导致了地球平流层 O_3 的破坏。20 世纪 80 年代以来，由于制定了保护 O_3 层的国际公约，氯氟烃等人造温室气体的排放量正逐步减少。

由于 CO_2 含量在温室气体中占比最高，且温室效应最显著，减排一般指减少 CO_2 的排放。如果考虑所有温室气体，则可将非 CO_2 温室气体排放量乘以其温室效应值（如 GWP）后换算为等价 CO_2 当量，这样可以将不同温室气体的效应标准化。

地球上的碳循环主要表现为自然生态系统的绿色植物从空气中吸收 CO_2，经光合作用转化为碳水化合物并释放出 O_2，同时又通过生物地球化学循环过程及人类活动将 CO_2 释放到大气中。自然生态系统的绿色植物将吸收的 CO_2 通过光合作用转化为植物体的碳水化合物，并经过食物链的传递转化为动物体的碳水化合物，而植物和动物的呼吸作用又把摄入体内的一部分碳转化为 CO_2 释放入大气，另一部分则构成了生物的有机体，其自身贮存下来；在动物、植物死亡之后，大部分动物、植物的残体通过微生物的分解作用又最终以 CO_2 的形式排放到大气中，少部分在被微生物分解之前被沉积物掩埋，经过漫长的年代转化为化石燃料（煤、石油、天然气等），当这些化石燃料风化或作为燃料燃烧时，其中的碳又转化为 CO_2 排放到大气中。图 2-2 为全球碳循环过程示意图。

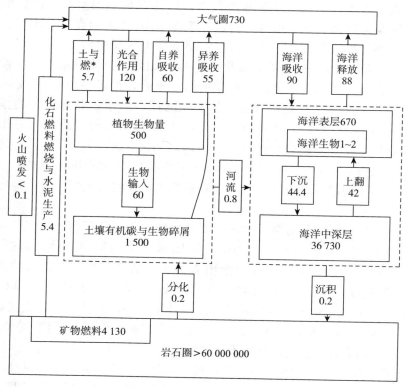

图 2-2　全球碳循环过程示意图（单位：10 亿吨/年）

注：＊为土地利用变化与生物质燃烧。

工业革命之后，大规模的森林砍伐使碳循环的平衡被打破，化石燃料——煤炭、石油和天然气等燃烧量不断增加，海洋和陆地生物圈不能完全吸收多排放的 CO_2，从而导致大气中的 CO_2 浓度不断增加。目前，全世界每年燃烧化石燃料排放到大气中的 CO_2 总量折合成碳大约是 60 亿吨，森林破坏和土地利用变化释放 CO_2 约 15 亿吨，共 75 亿吨。其中，37 亿吨会被海洋和陆地生物圈吸收（海洋约 20 亿吨，陆地生物圈约 17 亿吨），约有 50% 的 CO_2 留在了大气中，每年大气中碳的净增量大约是 38 亿吨。留在大气中的这部分 CO_2 使全球大气中 CO_2 浓度由工业化前的 280ppm（1ppm＝0.000 1%，即百万分比浓度）增加到 2019 年的 410ppm，导致了全球气候系统的变暖。

甲烷（CH_4）是仅次于 CO_2 的第二大温室气体，其排放量约占全球温室气体排放总量的 20%，对全球变暖的贡献率约占 1/4。CH_4 是大气中的有机气体，主要来自地表，可分为人为源和自然源。人为源主要包括天然气泄漏、石油及煤炭开采及其他生产活动、水稻种植、反刍动物消化、动物粪便管理、燃料燃烧、垃圾填埋、污水处理等。自然源包括天然沼泽、多年冻土融解、湿地、河流湖泊、海洋、热带森林、苔原等。全球 CH_4 排放量约为 5.35（4.10～6.60）亿吨/年，其中自然源为 1.60（1.10～2.10）亿吨/年、人为源为 3.75（3.00～4.50）亿吨/年，人为源约占比为 70%。人类排放源可分为与化石燃料有关的排放源和生态排放源。近年，国际社会对全球 CH_4 减排的关注程度明显增强。根据 2021 年 1 月国际能源署（IEA）发布的《CH_4 追踪 2021：帮助解决减少 CH_4 泄漏这一紧迫的全球挑战》报告估计，2020 年全球石油和天然气行业向大气中排放的 CH_4 超过 7 000 万吨，1 吨 CH_4 对气候变暖的贡献大约相当于 30 吨 CO_2，油气行业排放的 CH_4 折算为 CO_2 相当于欧盟能源相关碳排放的总和。2018 年加拿大和墨西哥已将控制油气行业 CH_4 排放纳入实现本国国家自主贡献中的 CH_4 减排承诺。2020 年 10 月，欧盟委员会（European Commission）发布了《欧盟 CH_4 减排战略》，并将于 2021 年推动立法，促进石油和天然气企业减少 CH_4 排放或泄漏。

N_2O 来源于地面排放，全球每年 N_2O 排放总量约为 1 470 万吨。其中，自然源（主要包括海洋以及温带、热带的草原和森林生态系统）为 900 万吨，人为源（主要包括农田生态系统、生物质燃烧和化石燃烧、己二酸以及硝酸的生产过程）大约为 570 万吨。大气中每年 N_2O 的增加量约为 390 万吨，其产生和排放的领域主要包括工业、农业、交通、能源生产和转换、土地变化和林业等，其中农业过量施氮是一个重要因素。人类主要通过施用氮肥增加农作物产量，而以氮肥所代表的活性氮一方面污染了环境，另一方面当活性氮以

N_2O 的形式存在时，它还是增温效应最强的温室气体。目前，N_2O 的温室效应贡献为 CO_2 的 1/10。

2019 年全球大气中 CO_2、CH_4 和 N_2O 的平均浓度分别为（410.5±0.2）ppb、（1 877±2）ppb 和（332.0±0.1）ppb，较工业化前时代（约 1750 年）水平分别增长 48%、160% 和 23%，达到过去 80 万年来的最高水平。2019 年大气主要温室气体增加造成的有效辐射强迫已达到 3.14 瓦/米²，明显高于太阳活动和火山爆发等自然因素所导致的辐射强迫，是全球气候变暖最主要的影响因素。

人类排放的温室气体和温升之间的关系非常复杂，特别是温室气体排放量、温室气体浓度和温升之间并不存在一一对应的同步变化关系，全球气候变暖的幅度与全球 CO_2 的累积排放量之间存在着近似线性的相关关系，全球 CO_2 的累积排放量越大，全球气候变暖的幅度就越高。

需要指出的是，地球大气中本身就含有一定浓度的 CO_2，地球上许多不同的自然生态系统过程也都吸收和释放 CO_2，因此大气中的 CO_2 浓度本身就存在时间和空间上的自然变率。当 CO_2（不管是自然释放的还是人为排放的）进入大气中时会被风混合，并随着时间的推移而分布到全球各地。这种混合过程在北半球或南半球的尺度上需要一到两个月的时间，在全球尺度上则需要一年多的时间，因为北半球和南半球之间混合的速度很慢。

三、云和气溶胶

大气中的气溶胶是由大气介质与混合在大气中的固态和液态颗粒物组成的多相（固、液、气三种相态）体系，是大气中唯一的非气体成分，也是大气中的微量成分，大气气溶胶主要源于人类活动和自然界的排放。云的形成是一个复杂的物理过程，它涉及水循环、温度、压力、湿度、风速等多种因素。简单地说，云是由水汽在大气中冷却后凝结在气溶胶粒子上形成的微小水滴或冰晶的集合。气溶胶粒子是大气中的固态或液态颗粒物，如烟尘、尾气、工业废气等。气溶胶粒子的大小、数量、成分、分布等都会影响云的形成和性质。

气溶胶粒子对云的影响主要有两方面：一是作为云凝结核，提供水汽凝结的平台；二是作为散射体，改变云的光学特性。云凝结核是指能够促进水汽凝结的气溶胶粒子，它们的大小一般在 0.1~1 微米之间，数量一般在每立方厘米几百到几千个。云凝结核的多少决定了云中水滴的数量，云凝结核的种类决定了云中水滴的大小。一般来说，云凝结核越多，云中水滴越多，但越小；云凝结核越少，云中水滴越少，但越大。云中水滴的数量和大小会影响云的反照率、透光性、持续时间、降水能力等。

散射体是指能够散射光线的气溶胶粒子，它们的大小一般为 $0.01\sim10$ 微米，数量一般在每立方厘米几十到几百万个。散射体的大小决定了云的颜色，散射体的种类决定了云的亮度。一般来说，散射体越大，云越暗，因为它们会吸收和散射更多的光线；散射体越小，云越亮，因为它们会反射和透射更多的光线。散射体的大小和形状也会影响云的颜色，因为它们会散射不同波长的光线。例如，小的散射体会散射蓝光，使云呈现蓝色；大的散射体会散射红光，使云呈现红色。云的颜色和亮度会影响云的温度、能量平衡、气候效应等。

云和气溶胶是大气中密切相关的两种物质，它们相互作用，共同构成了我们眼中的云彩，也影响了我们的环境和生活。了解云和气溶胶，有助于我们更好地观察和理解自然界的奥妙，也有助于我们更好地保护和改善我们的生态系统。

四、多年冻土消融与海洋热惯性

多年冻土消融与海洋热惯性也对全球气候产生很大影响。多年冻土是冰冻圈的重要组成部分，是指持续两年或两年以上的 0 摄氏度以下含有冰的各种岩石和土壤。地球上冻土面积约占陆地总面积的 50%，其中多年冻土面积占陆地总面积的 25%。研究表明，到 21 世纪末，即使采取强有力的减排行动，全球冻土面积将减小 40%，如果不采取更多的努力将减小 80%。多年冻土的上层是活动层，受气候变暖的影响，多年冻土暖化变软，活动层的厚度相应增加，这也就意味着增加的活动层中的 CH_4 及 CO_2 等温室气体会释放到大气中，多年冻土成为巨大碳源。多年冻土活动层中温室气体的释放将会加剧全球气候变暖。但是，多年冻土的变化机理非常复杂，科学界目前对多年冻土活动层能够释放多少温室气体、释放速率如何、区域差异如何等问题还存在很大争议。

海洋面积占地球表面积的 70.9%，其中 84% 的海洋水深超过 $2\,000$ 米。海洋是全球气候变化的重要影响变量，海—陆—气相互作用是气候变化重要的内部驱动力，在全球尺度的热量和水汽输送及分配中起着重要作用，对全球气候格局及其演变具有重要影响。例如，热带西太平洋有全球水温最高的暖池，形成全球最强的对流和降雨，驱动沃克环流和哈德莱环流，调控季风和厄尔尼诺两大气候现象。由于海水的高热容以及海洋的巨大质量，海洋积累了自 20 世纪 50 年代以来与温室气体增加相关的 90% 以上的多余热量，这虽然在一定程度上减少了温室气体对大气的加热作用，但也意味着即使人为温室气体的排放减少为净零，由于海洋所具有的长期、巨大的热惯性，将仍然对全球气候产生重要影响。

五、土地利用变化

土地利用变化是全球气候变化的重要影响因素。人类社会工业化、城市化进程改变了对土地的使用方式，同时也改变了土地覆盖物的类型，这样的变化直接造成了陆地表面物理特性的变化，改变了陆表和大气之间的能量以及物质交换，影响了地表的能量平衡，进而对区域气候变化产生重要影响。陆地表面上植被类型、密度和有关土壤特性的变化通常也会造成陆地区域中碳的存储以及通量的改变，从而使大气中温室气体的含量发生变化。

人类活动对大范围植被特性的改变会影响地球表面的反照率。例如，农田的反照率就与森林等自然植被有很大的不同，森林地表的反照率通常比开阔地要低，因为森林中有很多较大的叶片，入射的太阳辐射在森林的树冠层中会经历多次的反射、折射，导致反照率降低。人类活动向大气中排放的气溶胶也会影响地表的反照率，特别是雪地上方的黑炭气溶胶，它的存在也会降低地表的反照率。

土地利用变化还会引起地表一些其他物理特性的变化，如地表向大气的长波辐射率、土壤湿度和地表粗糙程度等物理特征，它们可以通过陆地和大气之间的各种能量交换来改变地表能量和水汽的收入、支出，直接影响近地面的大气温度、湿度、降水和风速等，对局地和区域的气候产生一定程度的影响。例如，南美洲的亚马孙森林对这一区域的地表温度和水循环具有重要的影响，亚马孙河流域的降水大约有一半是从森林的蒸发而来，如果亚马孙森林受到破坏，将改变径流和蒸发的比率，使区域水循环发生重大改变。土地利用变化对我国的区域降水和温度也有明显影响，如我国西北地区的荒漠化和草原退化将会造成大部分地区的降水减少，华北和西北的干旱加剧，气温升高。

六、温室气体的监测

地球大气中温室气体浓度的增加已成为导致全球气候和环境变化的主要原因，测量大气中主要温室气体浓度的变化，对于研究其源、汇和输送规律，对于了解气候变化、减少能源消耗和污染排放都有重要意义。二氧化碳（CO_2）、甲烷（CH_4）、氧化亚氮（N_2O）是最重要的三种温室气体，一氧化碳（CO）作为间接温室气体在大气化学中也对温室效应有重要影响，因此，在温室气体测量中，通常主要测量 CO_2、CH_4、N_2O 和 CO 四种气体的浓度。目前对大气中温室气体的测量主要是通过现场采样，然后将样品送到实验室进行分析来完成。

为了反映出地球大气中温室气体浓度的本底变化，通常选择在受人类活动影响较少的地点建立观测点进行测量。全球温室气体浓度的数据通常来自世界气象组织全球大气观测网（GAW），其包括 31 个全球大气本底站、400 余个区域大气本底站和 100 多个志愿观测站。20 世纪 90 年代初，我国在青海省瓦里关设立了温室气体浓度全球本底观测站，后来在北京上甸子、黑龙江龙凤山、浙江临安等地建立了区域本底观测站。例如，北京上甸子大气本底站可以监测包括 CO_2、CH_4 以及卤代温室气体的浓度变化，并可以通过结合其他的观测手段监测大气中温室气体的污染源、污染方向以及北京上游城市对北京的影响、北京对其下游城市的影响等相关信息。

由于监测 CO_2 浓度分布的地面观测点数量有限，且分布不均匀，卫星监测较好地弥补了这一缺陷，通过全球卫星监测数据与地面数据和模型的结合，可以更加精确地监测 CO_2 和温室气体浓度分布。

七、气候变化的预测

为了预测未来气候变化的趋势和影响，科学家通常是利用气候系统模型。地球系统是由不同的圈层构成，包括大气圈、岩石圈、水圈、冰冻圈、生物圈，各圈层之间的相互影响是个复杂的过程。气候系统随时间变化的过程既要受到外强迫因素如火山爆发、太阳活动等的影响，又要受到人为强迫如人类活动排放的温室气体和土地利用变化的影响。气候系统模型就是对上述气候系统的动量、质量和能量的物理和动力学过程的一种数学表达方式，从而使得人们可以借助巨型计算机对涉及的复杂演变过程进行定量的、长时间的、大数据量的运算，了解气候系统的演变过程、模拟外强迫变化和人类活动的影响以及预测未来气候变化趋势。为了预估全球和区域气候变化，还需要假设未来温室气体和硫酸盐气溶胶等排放的情况，也就是所谓的排放情景。排放情景通常是根据一系列因素（包括人口增长、经济发展、技术进步、环境条件、全球化、公平原则等）假设得到的。近几十年，全球气候系统模型由简单逐渐发展到复杂，并逐渐包括气溶胶、碳循环、大气化学等地球生物化学循环过程，形成了地球系统模型。现在对于未来的气候变化的预估，通常基于同一个模型不同试验和不同模型不同试验的集合（集成）进行。图 2-3 为近几十年气候模型的发展示意图。

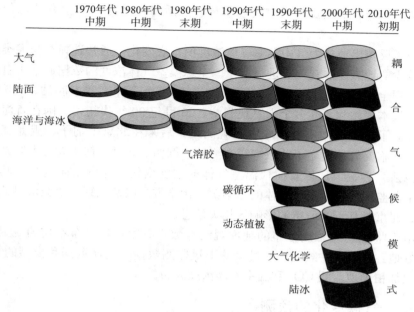

图 2-3 近几十年气候模型的发展示意图

第三节 温室气体排放

温室气体一旦超出大气标准，便会造成温室效应，使全球气温上升，威胁人类生存。因此，控制温室气体排放已成为全人类面临的一个重要问题。

一、全球温室气体的排放

根据国际能源机构（International Energy Agency，简称 IEA）2020 年发布的数据，自 2010 年以来，全球温室气体排放总量平均每年增长 1.4%。2019 年创下历史新高，不包括土地利用变化的排放总量达到 524 亿吨 CO_2 当量，分别比 2000 年和 1990 年高出 44% 和 59%，全球人均温室气体排放量达到 6.8 吨 CO_2 当量。若包括土地利用变化排放的 CO_2 当量，全球总排放量高达 591 亿吨。

2010—2019 年，化石燃料燃烧和水泥生产等工业过程排放 CO_2，占全球温室气体排放总量的 72.6%，是温室气体的主要来源。甲烷（CH_4）和氧化亚氮（N_2O）的排放占比分别为 19.0% 和 5.5%，还有 2.9% 的排放来源于氢氟碳化物（HFC）、全氟化碳（PFC），六氟化硫（SF_6）等含氟气体。

图 2-4 为 1970—2019 年全球温室气体排放总量及主要温室气体排放量。图 2-5 为 2010—2019 年全球温室气体（不包括土地利用变化）排放来源。图 2-6 为 2019 年全球 CO_2 排放的部门分布。

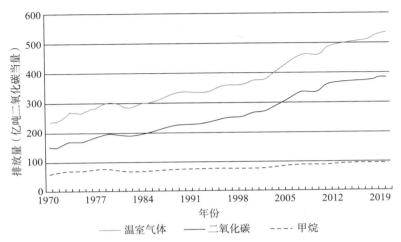

图 2-4 1970—2019 年全球温室气体排放总量及主要温室气体排放量

注：温室气体排放总量不包括土地利用变化排放。

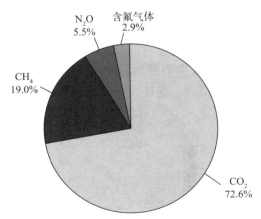

图 2-5 2010—2019 年全球温室气体（不包括土地利用变化）排放来源

根据国际能源署（IEA）化石燃料燃烧的 CO_2 排放数据，2019 年来自煤炭、石油和天然气的碳排放分别占 43.8%、34.6% 和 21.6%，同样热值的煤炭燃烧排放的 CO_2 约是天然气的两倍。从部门分布看，电力和供热、交通运输、工业是全球 CO_2 排放量最大的部门，三者合计占 85% 左右。

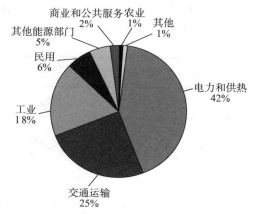

图 2-6　2019 年全球 CO_2 排放的部门分布

　　根据联合国环境规划署（UNEP）《2020 排放差距报告》的数据，2010—2019 年的十年间，前六大温室气体排放国（地区）合计占全球温室气体排放总量（不包括土地利用变化）的 61.8%，其中中国占比为 26.0%，美国占比为 13.0%，欧盟 27 国和英国占比为 8.6%，印度占比为 6.6%，俄罗斯占比为 4.8%，日本占比为 2.8%。按人均排放量计算，2019 年全球人均排放约为 6.8 吨，美国高出世界平均水平 3 倍，而印度相比世界平均水平约低 60%。

　　图 2-7 为 2019 年全球主要排放国人均温室气体排放量。图 2-8 为1990—2019 年全球主要排放国（地区）及人均温室气体排放。

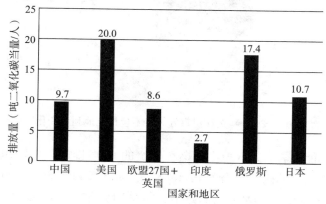

图 2-7　2019 年全球主要排放国人均温室气体排放量

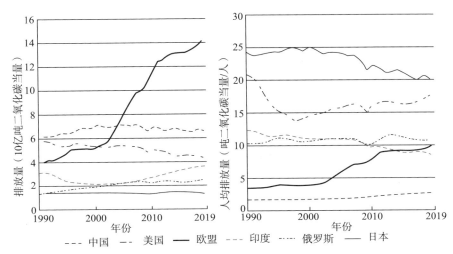

图 2-8　1990—2019 年全球主要排放国（地区）及人均温室气体排放

注：左图为绝对排放量，右图为人均温室气体排放量，均不包括土地利用变化排放。

二、中国温室气体排放

根据荷兰环境评估署（PBL）数据，2019 年我国温室气体排放量达到 140 亿吨 CO_2 当量，人均约为 9.7 吨 CO_2 当量，排放总量约占全球温室气体排放总量（不包括土地利用变化）的 27%。2010—2019 年的十年间，我国温室气体排放总量年均增长为 2.3%，高于全球平均水平。2010 年以来，我国温室气体排放总量增加了约 24%，其中 CO_2 排放量增加了 26%。

图 2-9 为 1970—2019 年我国温室气体和 CO_2 排放量。

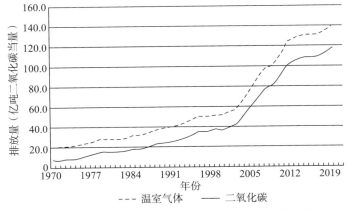

图 2-9　1970—2019 年我国温室气体和 CO_2 排放量

2019 年，CO_2 排放量在我国温室气体排放总量中的比重达到 82.6%，高于全球平均水平约 10 个百分点，除 CO_2 之外，11.6% 的排放来源于 CH_4，约 3.0% 和 2.8% 来源于氧化亚氮和氟化气体的排放。

图 2-10 为 2019 年我国温室气体排放来源。

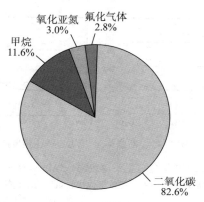

图 2-10　2019 年我国温室气体排放来源

根据国际能源署（IEA）化石燃料燃烧的 CO_2 排放数据，2018 年煤炭、石油、天然气燃烧的碳排放量占比分别为 80%、14% 和 6%，煤炭燃烧是最重要的碳排放源。分部门来看，电力和供热的碳排放量占比约占一半，工业占比为 28%，合计接近 80%，此外交通运输、民用等也是 CO_2 排放的重要领域。

图 2-11 为 1990—2018 年我国 CO_2 排放量。图 2-12 为 2018 年我国 CO_2

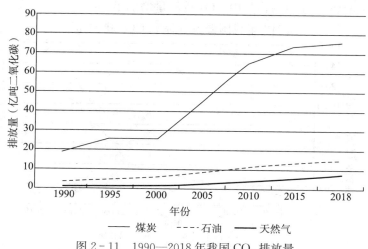

图 2-11　1990—2018 年我国 CO_2 排放量

排放来源（按部门分类）。需要说明的是，除荷兰环境评估署（PBL）采用的全球大气研究排放数据库（ED-GAR）之外，国际上还有多家机构建立了不同碳排放数据库，如《联合国气候变化框架公约》秘书处、英国石油公司（BP）、美国橡树岭国家实验室二氧化碳信息分析中心（CDIAC）、美国能源信息管理局（EIA）以及世界资源研究所（WRI）开发的气候分析指标工具（CAIT）、全球碳项目（GCP）等。由于不同数据库统计的覆盖范围、口径和估计算法不同，因此碳排放数据会有一定的差异。

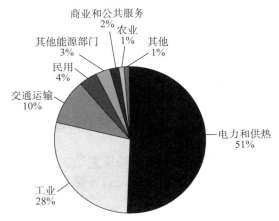

图 2 - 12　2018 年我国 CO_2 排放来源（按部门分类）

中国的经济产业是以煤为主要能源的"高碳经济路径"，近几十年的经济高速发展是在人口数量巨大、人均收入低、能源强度大、能源结构不合理的条件下实现的，它使中国的资源和环境严重透支。

中国是当前世界上最大的煤炭生产国和消费国，能源消费主要依靠煤炭。《2020 中国生态环境状况公报》显示，2020 年中国能源消费总量为 49.8 亿吨标准煤当量（tce 为吨标准煤当量）[①]，比 2019 年增长 2.2%，煤炭消费量增长 0.6%，原油消费量增长 3.3%，天然气消费量增长 7.2%，电力消费量增长 3.1%。煤炭消费量占能源消费总量的 56.8%，天然气、水电、核电、风电等低碳能源消费量占能源消费总量的 24.3%。

中国能源利用率为 30% 左右，而欧洲、日本和美国的能源利用率达到 42%～51%。中国生产 1 美元国内生产总值的商品需要 2.67 千克标准煤，而欧盟只需 0.38 千克标准煤；同一指标，世界平均水平为 0.52 千克标准煤。

---

① 姚兴佳、刘国喜、朱家玲，等：《可再生能源及其发电技术》，科学出版社，2010 版。

同能源利用率高的国家相比，中国相当于 1 年要多耗用 2 亿吨标准煤当量。

我国的产业结构一直处于不合理的状态，当前产业结构的最大问题是落后产能大，产能过剩问题十分突出，主要集中在炼铁、炼钢、焦炭、铁合金、电石、电解铝、铜冶炼、铅冶炼、锌冶炼、水泥、平板玻璃、造纸、酒精、味精、柠檬酸、制革、印染、化纤、铅蓄电池等工业行业。这些行业能耗高、污染物排放量大，如果淘汰落后产能、处置"僵尸"企业、推动产业重组，就能更好地推进供给侧结构性改革，减少污染的产生。

中国的 CO_2 排放主要来源是电力热力的生产及供应业、石油加工炼焦及核燃料加工业、化学原料及化学制品制造业、有色金属冶炼及压延加工业、黑色金属冶炼及压延加工业、非金属矿物制品业六大高耗能行业。中国碳核算数据库显示，2017 年电热气水、金属制品和非金属矿物制品三大行业的 CO_2 排放量占总排放量的占比分别为 46.6%、19.7% 和 13.2%。

第四节　气候变化的危害

气候变化产生的危害是我们不能忽视的现实，它们已经给我们的生活和未来带来了巨大的挑战和威胁。我们需要认识到气候变化的紧迫性和严重性，并采取有效的措施来减缓和适应它们。

一、危害涉及的领域

全球气候变化的影响已经显现，对自然生态系统带来的灾难包括冰川消融、永久冻土层融化、海平面上升、咸潮入侵、生态系统突变、旱涝灾害增加、极端天气频繁等。

2007 年出版的第 1 期《国际生态与安全》杂志发表了由美国经济学家安德鲁·马歇尔担任主要作者的气候变化报告。该报告称，气候变暖将导致地球陷入无政府状态，气候变化将成为人类的大敌，其威胁在某种程度上将超过恐怖主义。图 2-13 为气候变化的影响和风险。

二、气候变化对全球的影响

全球气候持续变暖，较高的温度将使冰川雪线上升，全球范围内冰川大幅度消融，许多区域的冰川持续退缩。1979—2019 年北极海冰范围呈显著减少趋势，其中 9 月海冰范围平均每十年减少 12.9%；2006—2015 年全球山地冰川物质损失速率达 1 230±240 亿吨/年，物质亏损量较 1986—2005 年增加了 30% 左右。

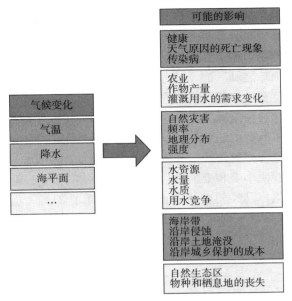

图 2-13　气候变化的影响和风险

　　1901—1990 年全球平均海平面每年上升 1.5 毫米，1993—2019 年全球平均海平面上升率为 3.2 毫米/年。《气候变化中的海洋和冰冻圈特别报告》显示，自 20 世纪以来，全球海平面上升了 15 厘米。近几年，海平面上升速度已经达到了历史最高值 3.6 毫米/年。如果不加以控制，到 21 世纪末，海平面有可能上升 60～110 厘米。到 2300 年，海平面可能会上升到 3 米以上，这取决于温室气体排放水平和南极冰盖的反应。海平面升高，使一些海岸地区被海水淹没，部分地区将不再适合人类居住。有分析表明，如果海平面上升 30～50 厘米，全球超过 10 万千米的海岸线将受其影响，珠江三角洲和孟加拉国的恒河三角洲处境尤为堪忧；如果海平面升高大于 50 厘米，超过 50 万千米^2 的土地将受到影响，斐济和马尔代夫等国的领土将所剩无几，孟加拉国、印度和越南的部分领土也将被淹没。

　　海洋温度升高，海水酸化。珊瑚虫与其体内的腰鞭毛虫失去共生关系，丧失原有的美丽的色彩，导致珊瑚白化死亡现象，珊瑚覆盖面积减小，珊瑚礁群落生物多样性受到很大威胁。有研究表明，随海表水温上升，鲸类在低纬地区的分布范围减小，一些鱼类种群分布趋向于高纬度或深海水域。这打乱了原有海域和高纬度、深海海域的生态平衡，破坏生物多样性。

　　高纬度地区和高海拔山区的多年冻土层也在变暖和融化。影响下游的径流和水资源与水质。

随着气候变暖，全球维持了亿万年的热量平衡被打破，世界各地洪水、干旱、台风、酷热等气象异常事件频发。世界上一些大河的径流量在减少。部分生物物种的地理分布、季节性活动、迁徙模型和丰度等都发生了改变。科学家估计，被誉为"地球之肺"的亚马孙河三角洲，在几十年内，会因气候变化使亚马孙森林变成萨瓦纳热带稀树草原。

全球气候变化会使全球气温和降雨形态迅速发生变化，造成大范围的森林植被破坏，使许多地区的农业和自然生态系统无法适应或不能很快适应气候的变化，进而影响粮食作物的产量和作物的分布类型，使农业生产受到破坏性影响。气候变化能够使小麦和玉米平均每 10 年分别减产约 1.9％和 1.2％，1961 年以来的气候变化，已经使全球农业生产力下降了 21％，引发了大范围的粮食危机。《2019 年全球气候状况声明》显示，2019 年全球"气候难民"总人数接近 2 200 万。

《气候变化脆弱性监测》报告指出，全球气候变暖正在使世界经济每年遭受约 1.6％的损失。联合国环境规划署发布的报告显示，到 2050 年，发展中国家适应气候变化的成本可能将升至每年 2 800 亿～5 000 亿美元。联合国开发计划署的资料则显示，到 2030 年，将有 43 个国家的国内生产总值（GDP）会受到全球变暖的直接影响，亚、非国家所受经济损失将尤其明显。

气候变化造成的影响不仅仅局限在一个地区、一个国家，经常会造成全球大范围更为广泛的连锁反应，特别是在目前社会经济更为全球化的情况下。例如，2007—2008 年的全球粮食危机。触发此次危机的主要气候因素是澳大利亚发生的连续干旱事件，而澳大利亚是世界小麦市场的主要供应商。2006 年澳大利亚发生了被称为"千年大旱"的旱灾，之后又是多次干旱，导致小麦连续减产。此前粮食系统已因库存不足，其后逐渐转移到对牲畜饲养和生物燃料生产的影响。由于全球粮食库存不足，各国政府迅速作出了反应，全球排名前17 位的小麦出口国中有 6 个国家、排名前 9 位的大米出口国中有 4 个国家都采取了不同程度的贸易限制。由此，全球粮食供应大幅度减少，从而推动粮食价格相应飙升。在高收入国家，食物支出在总支出中的比例相对较小，但低收入国家的情况则与之相反，高度依赖粮食进口的国家，在价格暴涨时受到更大冲击，全球多个国家发生骚乱，甚至一些国家政局发生更替。

类似这种影响多个国家、多个行业的气候变化风险虽然可能发生的概率不高，但是一旦发生，通常会以一种难以预测的方式加速演变、连锁发展。它往往是由某一种极端事件引发，通过一系列的因果风险链，进而影响更大范围、多个系统的结构、功能和稳定性，导致大范围、高风险的后果。

全球变暖会成为影响人类健康的一个主要因素，表现为发病率和死亡率增高，发展中国家将承受气候变化带来的更加巨大的压力。世界卫生组织的研究表明，2030—2050 年，因气候变化导致的疟疾、痢疾、热应激和营养不良将造成全球每年 25 万人死亡。气候变暖还会使高山冰川融化，出现生态难民。图 2-14 为源于气候危机的系统性风险概念框架。

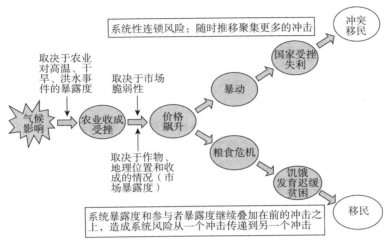

图 2-14　源于气候危机的系统性风险概念框架

三、气候变化对中国的影响

中国是全球气候变化的敏感区和影响显著区，自 20 世纪 50 年代以来，升温明显高于全球平均水平，是受到气候变化影响最严重的国家之一。气候变化持续影响中国的生态环境和经济社会发展，已对粮食安全、水安全、生态安全、能源安全、城镇运行安全以及人民生命财产安全构成严重威胁。

（一）冰川加速退缩，冻土面积减少

青藏高原和天山冰川加速退缩，一些小型冰川消失，近 50 年中国西北冰川面积减少了 21%，西藏冻土最大减薄了 4～5 米，冻土面积减少约 18.6%。

（二）平均年降水量年际波动

1961—2019 年中国平均年降水量存在较大的年际波动，东北、西北大部和东南部年降水量呈现明显的增多趋势，自东北地区南部和华北部分地区至西南地区大部年降水量呈现减少趋势。气候变化导致我国水问题严峻，东部主要河流径流量有所减少，海河和黄河径流量减幅高达 50%，导致北方水资源供需矛盾加剧。干旱区范围可能扩大，荒漠化可能性加重。因水资源短缺，耕地受旱面积不断增加。农业生产不稳定性和成本增加，品质下降。

（三）海平面持续上升

《中国气候变化蓝皮书（2019）》显示，海洋温度升高将导致珊瑚礁、贻贝海床、藻类栖息地等受到严重破坏，导致海洋环境发生巨大改变。中国自然资源部海洋预警监测司 2018 年发布的《中国海平面公报》显示，1980—2018 年，中国沿海海平面上升速率为 3.3 毫米/年，高于同时段全球平均水平。据中国《第三次气候变化国家评估报告》预测，到 21 世纪末，中国沿海地区的海平面将比 20 世纪高出 0.4～0.6 米。当海平面上升超过 1 米时，一些人口集中的河口三角洲地区（包括长江三角洲、珠江三角洲和黄河—海河三角洲）将受到严重损害，中国沿海将有 12 万千米^2 的土地被海水吞噬。

（四）极端天气频率增高

我国极端天气气候事件发生的频率越来越高。极端高温事件、洪水、台风、干旱等均有增加，造成的经济损失也在增多。极端天气气候灾害对我国所造成的直接经济损失由 2000 年之前的平均每年 1 208 亿元增加到 2000 年之后的平均每年 2 908 亿元，增加了 1.4 倍。极端天气气候事件对基础设施和重大工程运营产生显著不利影响。日益频繁和严重的气候风险威胁着人类系统的稳定性，还将以"风险级联"的方式通过复杂经济和社会系统传递，给我国可持续发展带来重大挑战。

气候变化已不同程度影响着我国生态系统的结构，气候变化叠加自然干扰和人类活动，导致生物多样性减少，生态系统稳定性下降，脆弱性增加。

（五）影响城市环境

气候变暖还会影响城市环境，加剧城市的"五岛效应"，即热岛效应、干岛效应、湿岛效应、雨岛效应和浑浊岛效应。城市地区相较于周围郊区通常会经历更明显的气温变化，形成所谓的"热岛效应"。与此同时，常伴随的还有"干岛效应"。城市的主要构成是不透水的钢筋混凝土结构，这导致城市区域相对于周边地区形成"干岛"。例如，上海在每年 1 月份的夜间湿度较高，"湿岛现象"频繁但强度较弱；而夏季尽管"湿岛现象"出现次数较少，但强度更大。由于大城市中高楼密集，空气流通不畅，再加上空调和汽车尾气排放，容易在城市上空形成热气流，增加强降水事件的发生，甚至可能导致城市区域性的内涝，这便是"雨岛效应"。"浑浊岛效应"主要是由于城市颗粒污染物增加，凝结核过多，近 50 年我国城市地区的雾霾天气总体呈增加趋势。

高温热浪、暴雨、暴雪、台风等损坏交通运输设备、地面设施，增加交通安全隐患，对城市公路、铁路、航空、航海的正常运行造成了极大影响。沿海城市面临的洪涝灾害风险将明显增加，近些年我国东南沿海城市常发生台风、风暴潮、暴雨等同期发生的极端事件，造成重大的人员、经济损失。

四、气候变化带来的风险预测

未来全球气候变化带来的风险主要表现在以下几方面：①水资源是人类生命和社会经济的基础，但气候变化将使水资源的分布和利用更加困难。一方面，由于全球变暖，冰川和积雪的消融将加速，导致河流的径流量和水位变化，同时也增加了洪水和干旱的风险；另一方面，由于降水的减少和蒸发的增加，许多干旱亚热带地区的可再生地表和地下水资源将显著减少，造成水资源的短缺和污染。据估计，升温每增加 1 摄氏度，全球受水资源减少影响的人口将增加 7%。这将加剧地区之间和国家之间的水资源竞争和冲突，影响国际安全和稳定。②生态系统是地球的生命支持系统，但气候变化将对生态系统造成严重的破坏和失衡。由于温度的升高，许多物种将不得不迁移或适应新的气候条件，但这需要时间和空间，而这些条件往往是有限的。因此，部分陆地和淡水物种可能面临更高的灭绝风险，尤其是那些分布范围小、适应能力弱、生境受到破坏的物种。例如，寒带北极苔原和亚马孙雨林等生物多样性丰富的地区面临高风险，一旦发生不可逆的变化，将对全球碳循环和气候系统产生重大影响。此外，海洋生态系统也将受到气候变化的多重威胁，包括海平面上升、海水温度升高、海水酸化、海洋退化和过度捕捞等，这将导致珊瑚礁的白化、海草和海藻的减少、鱼类和其他海洋生物的减少和迁移等，影响海洋的生产力和服务功能。③粮食生产与粮食安全是人类的基本需求，但气候变化将对农业和渔业产生负面的影响。一方面，由于气温的升高和降水的变化，农业生产的适宜区域和季节将发生变化，导致作物的生长周期和产量受到影响；另一方面，由于极端天气事件的增加，农业生产的稳定性和可持续性将受到威胁，导致作物的损失和病虫害的增加。据预测，如果不能适应局地温度比 20 世纪后期升高 2 摄氏度或更高，气候变化将对热带和温带地区的主要作物（小麦、水稻和玉米）的产量产生不利影响，而除个别地区可能会受益外，其他地区的农业收入将下降。此外，气候变化也将对渔业产生负面的影响，由于海洋生态系统的变化，渔业资源的分布和数量将发生变化，导致渔业收入的减少和渔业管理的困难。④海岸系统和低洼地区是人类的重要居住和发展区域，但气候变化将使这些区域面临更大的风险。由于全球变暖，海平面将继续上升，预计 21 世纪末将比 20 世纪末上升 0.26～0.82 米，这将导致沿海地区的淹没、海岸洪水和海岸侵蚀等不利影响，影响沿海地区的人口、基础设施、土地利用和生态系统。据估计，到 2050 年，全球每年有超过 1 亿人将面临至少一次海平面上升相关的洪水风险。此外，由于气候变化，低洼地区也将面临更多的内陆洪水、风暴潮和盐水入侵等风险，影响低洼地区的水资源、农业和人类健康。⑤人体健康是人类的最高价值，但气候变化将通过多种途径影响人类健康，加剧很多地区尤其是低收入发展中国家的不良健康状况。一方面，由于气候变化，热浪、洪水、干旱、风暴等极端天气事件将更加频繁和强烈，导致人类的死亡、伤残、心理压力和社会动荡等；另一方面，由于气候变化，水资源的减少和污染、粮食生产和安全的降低、生态系统的退化和物种的灭绝等，将影响人类的营养、传染病、慢性病和非传染性疾病等。据预测，到 2030 年，气候变化将导致每年约 25 万人死于热浪、营养不良、疟疾和腹泻等。

五、不同温升的差别

当前的全球气候变化主要是由于人类活动向大气排放温室气体导致的。如果人类对自己排放的温室气体不加以控制的话，未来的地球将会持续变暖，这个变暖的过程将会影响地球的方方面面。根据科学家对未来气候预估的结果表明，到 21 世纪末全球的平均温度相比工业化前将上升约 4 摄氏度，极地的升温可能会远高于这个幅度。大气中 CO_2 浓度的增加将导致海洋的酸化，到 2100 年 4 摄氏度或以上的增温相当于海洋酸性增加 150%。海洋酸化、气候变暖、过度捕捞和栖息地的破坏给海洋生物和生态系统带来了不利影响。到 2100 年，4 摄氏度的增温将可能导致海平面上升 0.5～1 米，并将会在接下来的几个世纪内带来几米的上升，届时每年 9 月份北极可能会出现没有海冰的情况。气候变化将给水供给、农业生产、极端气温和干旱、森林山火和海平面上升风险等方面带来严重影响。未来全球干旱地区将变得更加干旱，湿润区将变得更湿润。极端干旱可能出现在亚马孙雨林、美洲西部、地中海、非洲南部和澳大利亚南部地区，许多地方可能会导致未来更高的经济损失。极端事件（如大规模的洪水、干旱等）可通过影响粮食生产引起营养不良、流行性疾病的发病率升高。洪水可以将污染物和疾病带到健康的供水系统，使得腹泻和呼吸系统疾病的发病率增加。部分物种的灭绝速度将会加快。

2020 年全球平均地表温度已经比工业革命前升温超过了 1.2 摄氏度，但是对居住在地球上不同地区的人们，感受到的并不是均匀上升了 1.2 摄氏度，有些地区已经上升了 2 摄氏度以上。当全球升温 1.5 摄氏度，中纬度地区极端热日会升温约 3 摄氏度；而全球升温 2 摄氏度时则会升温约 4 摄氏度；全球升温 1.5 摄氏度，高纬度地区极端冷夜会升温约 4.5 摄氏度，而全球升温 2 摄氏度则会升温约 6 摄氏度。与全球升温 1.5 摄氏度相比，预估全球升温 2 摄氏度时，北半球一些高纬度地区、高海拔地区、亚洲东部和北美洲东部，强降水事件带来的风险更高，与热带气旋相关的强降水更多，受强降水引发洪灾影响的全球陆地面积比例更大。

全球气温相对于工业化前上升 1.5 摄氏度会给陆地和海洋生态系统、人类健康、粮食、水安全以及经济社会发展带来诸多风险和影响。然而，这些影响与全球升温达到 2 摄氏度时相比会有所减轻。例如，与 2 摄氏度温升相比，1.5 摄氏度时北极夏季出现无海冰的频率将从每十年一次降低到每百年一次；21 世纪末全球海平面上升幅度预计将减少 0.1 米，约 1 000 万人口因此免受海平面上升威胁；海洋酸化和珊瑚礁受威胁的程度也会低于 2 摄氏度温升的影响。全球升温 1.5 摄氏度将增加对健康、粮食安全、水资源供应和经济增长的气候相关风险，而升温达到 2 摄氏度时，这些风险将进一步加剧。因此，限制全球温升在 1.5 摄氏度以内相较于 2 摄氏度将显著减少气候变化的负面影响。温升 1.5 摄氏度或 2 摄氏度的风险如表 2-3 所示。

表 2-3　温升 1.5 摄氏度或 2 摄氏度的风险

领域	温升 1.5 摄氏度的风险	温升 2 摄氏度的风险
高温热浪（全球人口中至少 5 年一遇的比例）（%）	14	37
无冰的北极（夏季海上无冰频率）	每百年至少一次	每十年至少一次
海平面上升（2100 年海平面上升值）（米）	0.40	0.46
脊椎动物消亡（至少失去一半数量物种的比例）（%）	8	16
昆虫消亡（至少失去一半数量的物种比例）（%）	6	18
生态系统（生物群落发生转变对应的地球陆地面积）（%）	7	13
多年冻土（北极多年冻土融化面积）（万千米^2）	480	660
粮食产量（热带地区玉米产量减少比例）（%）	3	7
珊瑚礁（减少比例）（%）	70~90	99
渔业（海洋渔业产量损失）（万吨）	150	300

由于 CO_2 在大气中的存在寿命最长可以达到 200 年，所以即使人类停止向大气中排放 CO_2，累积在大气中的 CO_2 还会造成全球气温的持续上升。存留在大气中的 CO_2 的升温效应，被称为 CO_2 的累积效应。因此，在考虑将温升控制在 2 摄氏度或 1.5 摄氏度目标的排放路径时，不仅需要考虑全球剩余的排放空间，还需要考虑 CO_2 的累积效应。IPCC 对实现 2 摄氏度或 1.5 摄氏度温升目标排放路径做了综合评估，并对不同的模型结果进行了对比和计算，给出了不同温升目标下全球温室气体排放的路径。IPCC 第五次评估报告指出全球若要实现 2 摄氏度温升目标，需要在 2050 年时的全球温室气体排放量比 2010 年减少 40%～70%，在 21 世纪末温室气体的排放量要接近或者是低于零。2018 年，IPCC 发布的《全球 1.5℃增暖特别报告》指出，要实现温升 1.5 摄氏度目标，需要 2030 年全球温室气体排放量比 2010 年减少 40%～60%，在 2050 年左右温室气体的排放量接近零。

第三章
缓解气候变化的实践措施

在前面的章节我们认识到了气候变化产生的原因和危害性，本章介绍针对气候变化带来的影响人类采取的相应措施，从而达到缓解气候变化，改善、保护环境的目的。

第一节　提升碳汇能力

提高碳汇能力是当前全球重要课题之一。碳汇是指通过植被、土地和海洋等自然系统吸收和存储二氧化碳，减少大气中的温室气体浓度的过程，提高碳汇能力不仅可以减缓气候变化的影响，还可以改善生态环境，保护生物多样性。因此，采取有效措施提高碳汇能力对于全球环境保护具有重要意义。

一、碳汇的内涵

实现碳中和目标，需要在减少碳排放的同时，开发碳汇能力，从而实现排放的碳和吸收的碳达到平衡，达到净零排放。碳移除（CDR）或称碳汇，可分为两类：一是基于自然的方法，即利用生物过程增加碳移除，并在森林、土壤或湿地中储存起来；二是技术手段，即直接从空气中移除碳或控制天然的碳移除过程以加速碳储存。表 3 - 1 列出了一些碳吸收的例子。不同技术的机理、特点、成熟度差别较大。

表 3 - 1　碳吸收汇举例

技术	描述	碳移除机理	碳封存方式
造林或再造林	通过植树造林将大气中的碳固定在生物和土壤中	生物	土壤或植物
生物炭（biochar）	将生物质转化为生物炭，并使用生物炭作为土壤改良剂	生物	土壤
生物质能源耦合碳捕集与封存（BECCS）	植物吸收空气中的 CO_2 并作为生物质能源利用，产生的 CO_2 被捕集并封存	生物	深层地质构造

(续)

技术	描述	碳移除机理	碳封存方式
直接空气碳捕集与封存（DACCS）	通过工程手段从大气中直接捕集 CO_2 并封存	物理、化学	深层地质构造
强化风化或矿物碳化（enhance weathering/mineral carbonation）	增强矿物的风化使大气中的 CO_2 与硅酸盐矿物反应形成碳酸盐岩	地球化学	岩石
改良农业种植方式	采用免耕农业等方式来增加土壤碳储量	生物	土壤
海洋施肥（ocean fertilization）	向海洋投放铁盐，增加海洋生物碳汇	生物	海洋
海洋碱性（ocean alkalinity）	通过化学反应提高海洋碱性以增加海洋碳汇	化学	海洋

短期内，基于自然的碳移除可以发挥重要作用，且有改善土壤、水质和保护生物多样性等协同效益。长期来看，基于自然的移除难以永久地移除大气中的 CO_2，如森林火灾可以使原本储存的碳再释放到大气中。通过技术手段的碳吸收汇，如 BECCS、DACCS，大规模应用也面临很多挑战。例如，BECCS 需要大规模生产生物能源，对土地和水资源带来压力。此外，BECCS 涉及生物能源的生产、收集、储存、运输、利用，以及碳捕集、输送、封存等诸多环节，从全生命周期看，BECCS 的效果还需要做详细的评估。

二、碳捕集、利用与封存技术

（一）碳捕集、利用与封存（CCUS）技术的方式

碳捕集、利用与封存被 IPCC 视为应对气候变化的"终极武器"。IPCC 指出，如果不借助碳捕集、利用与封存技术，仅凭借发展低碳能源与提高能效，人类社会很难实现碳中和的目标。

碳捕集、利用与封存是指将大型发电厂所产生的 CO_2 收集起来，采用各种方法储存，以免其排放到大气中的一种技术。目前，这项技术在推广应用方面面临着很多挑战，包括成本高、地质埋存面临着较高的生态环境风险等。因此，近几年，很多研究机构在努力探索 CO_2 封存和固定技术，试图引入新方法——CCUS，实现更彻底、更高效的碳捕获、利用与封存。

具体来看，CCUS 可以通过表 3-2 中的几种方式实现碳中和。

表 3-2　CCUS 实现碳中和的四种方式

方式	具体措施
解决现有能源设施的碳排放问题	CCUS 可以对发电厂进行改造，减少碳排放。根据 IEA 估算，如果全球现有的能源设备不经过改造一直工作到"生命"结束，将产生 6 000 亿吨的碳排放。以煤炭行业为例，煤炭行业的碳排放在碳排放总量中的占比接近 1/3，全球 60% 的煤炭设备到 2050 年之前将继续保持运行，其中大部分设备位于我国。这类部门想要实现碳减排、碳中和，利用 CCUS 是必行之路
攻克工业领域碳减排的核心技术手段	因为天然气以及化肥生产领域的碳捕获成本较低，所以这两个领域是 CCUS 应用的主要领域。在其他重工业生产领域，CCUS 是一种高效且性价比比较高的碳减排技术，如在水泥生产领域，CCUS 是碳减排的唯一技术手段；在钢铁生产与化工领域，CCUS 是性价比最高的一种碳减排手段。CCUS 的应用深度仍需拓展
在 CO_2 和 H_2 的合成燃料领域有重要应用	IEA 将 CCUS 视为生产低碳 H_2 的两种主流方法中的一种。根据 IEA 关于人类社会可持续发展的设想，到 2070 年，全球 H_2 使用量将增加 7 倍，达到 5.2 亿吨。其中，水电解产生的 H_2 占比为 60%，剩下的 40% 来源于 CCUS。按照全球在 2050 年实现碳中和的设想，在未来几十年，世界各国将持续加大在 CCUS 领域的投入，投资规模至少要在当前规划的基础上增加 50%
从空气中捕获 CO_2	根据 IEA 预测，实现碳中和之后，交通、工业等部门仍会产生碳排放，总量大约为 29 亿吨，这部分 CO_2 要通过碳捕集、利用与封存来抵消。目前，已经有一些 CCUS 设备投入使用，但因为成本太高，还需要进行改进

（二）CCUS 的工作原理与实现路径

CCUS 不是一项单一的技术，而是一套技术组合，涵盖了从发电厂、化工企业等使用化石能源的工业设备中捕获含碳废气，对含碳废气进行循环利用，或者使用安全的方法对捕获的 CO_2 进行永久封存的全过程。在整个技术组合中，对含碳气体进行压缩和运输是关键环节。CCUS 技术应用的主要过程与环节如表 3-3 所示。

表 3-3　CCUS 技术应用的主要过程与环节

环节	内容
捕集	将化工、电力、钢铁、水泥等行业利用化石能源过程中产生的 CO_2 进行分离和富集的过程，可以分为燃烧后捕集、燃烧前捕集和富氧燃烧捕集
运输	将捕集的 CO_2 运送到利用或封存地的过程，包括陆地或海底管道、船舶、铁路和公路等输送方式

（续）

环节		内容
利用与封存	地质利用	将 CO_2 注入地下，生产或者强化能源、资源开采过程，主要用于提高石油、地热、地层深部咸水、铀矿等资源采收率
	化工利用	以化学转化为主要手段，将 CO_2 和共反应物转化为目标产物，实现 CO_2 资源化利用的过程，不包括传统利用 CO_2 生成产品、产品在使用过程中重新释放 CO_2 的化学工业，如尿素生产等
	生物利用	以生物转化为主要手段，将 CO_2 用于生物质合成，主要产品有食品和饲料、生物肥料、化学品与生物燃料和气肥等
	地质封存	通过工程技术手段将捕集的 CO_2 储存到地质构造中，实现与大气长期隔绝的过程，主要划分为陆上或水层封存、海水咸水层封存、油气田封存等

1. 碳捕集技术

CO_2 捕集技术可以分为三种类型，分别是燃烧前捕集、纯氧燃烧和燃烧后捕集，划分依据是对燃料、氧化剂和燃烧产物采用的措施的不同，如表 3 - 4 所示。

表 3 - 4　碳捕集技术的三种类型

碳捕集技术的类型	具体应用
燃烧前捕集	燃烧前捕集的成本相对较低，效率较高。燃烧前捕集的流程为：先对化石燃料进行气化处理，形成主要成分为 H_2 和 CO 的合成气；然后将 CO 转化为 CO_2；最后将 H_2 和 CO_2 分离，完成对 CO_2 的收集。这项技术需要采用基于煤气化的联合发电装置，导致碳捕集的成本较高，使用该技术投产的项目减少
纯氧燃烧	使用纯氧或者富氧对化石燃料进行燃烧，生成 CO_2、水和一些惰性组分，然后通过低温闪蒸将 CO_2 提纯，提纯后单位容量内 CO_2 的浓度能够达到 $80\% \sim 98\%$，使 CO_2 捕集率得到大幅提升
燃烧后捕集	燃烧前捕集与纯氧燃烧对材料、操作环境都有较高的要求，因此这两项技术在现实生活中应用得比较少。相对而言，选择性较多、捕集率较高的燃烧后捕集技术的应用范围较广，形成了三种比较常用的方法，分别是化学吸收法、膜分离法和物理吸附法。其中，化学吸收法的应用前景最广。在化学吸收中，胺类溶液凭借较好的吸收效果实现了广泛应用

图 3 - 1 所示为碳捕集技术流程。

2. 碳利用技术

CO_2 的利用可以包括合成高纯 CO、烟丝膨化、化肥生产、超临界 CO_2 萃取、饮料添加剂、食品保鲜和储存、焊接保护气、灭火器、粉煤输送、合成可

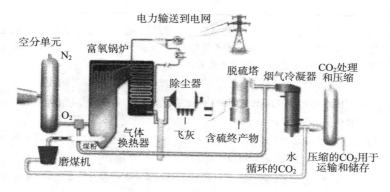

图 3-1　碳捕集技术流程

降解塑料、改善盐碱水质、培养海藻、油田驱油等，在此基础上发展生物质燃料或合成燃料技术、人工光合成技术、生物制造技术、CH_4 化技术、吸碳建材技术等，以不断推动 CO_2 资源化利用。

近年，在碳利用领域，国外探索出了一些新方向。例如，荷兰和日本尝试将 CO_2 运输到园林用来强化植物生长；一些国家在 CO_2 制化肥、油田驱油、食品级应用等领域推出了很多示范项目；在 CO_2 制聚合物、CO_2CH_4 化重整、CO_2 加氢制甲醇、海藻培育、动力循环等领域积极探索应用路径；在 CO_2 制碳纤维和乙酸等领域加强理论研究等。

目前在我国，一些研究院机构采用 CO_2 加氢制甲醇、CO_2 加氢制异构烷烃、CO_2 加氢制芳烃、CO_2CH_4 重整技术等对碳资源进行综合利用，大多数技术正处于理论研究或者中试阶段。

3. 碳封存技术

碳封存就是将捕集、压缩后的 CO_2 运输到指定地点进行长期封存。CO_2 封存的方式主要有地质封存、海洋封存、矿石碳化和生态封存等。其中，地质封存是主流，海洋封存中的深海封存则最具应用潜力。

地质封存包括强化采油（EOR）、天然气或石油层、盐沼池构造、提高煤层气采收率（ECBM）等技术。借助强化采油技术，企业可以将捕集到的 CO_2 注入油田，让面临枯竭的油田焕发生机，再次采出石油，同时还能将 CO_2 永远贮存到地下。在地下 0.8～1.0 千米的位置，超临界状态的 CO_2 会以流体的形式存在，可以永久地封存在地下。这一技术通过降低原油黏度，增加原油内能，使原油的流动性大幅提升，同时增强了油层的压力。强化采油技术已有成熟的市场，天然气或石油层及盐沼池构造在一定条件下经济可行，而提高煤层气采收率技术大多还处于示范阶段。目前，我国使用强化采油或提高煤层气采收率技术的驱油驱煤层气工程主要集中在东北的松辽盆地、华北渤海湾盆地、西北鄂尔多斯盆地等油气盆地展开，多在计划部署阶段，总体动态或静态封存规模从不到 1 万吨到接近 35 万吨不等。不同于 CO_2 驱油、驱油煤层气和天然气等利用过程中的动态封存，咸水层封存是真正意义上的 CO_2 地质封存。神华集团位于鄂尔多斯的"CO_2 捕集封存工业化示范项目"是我国第一个，也是亚洲最大规模把 CO_2 封存在咸水层的全流程项目。截至 2019 年，该项目已经完成 30 万吨 CO_2 的封存量。

海洋封存主要是指用管道或船舶运输将 CO_2 储存在深海的海洋水或深海海床上。海洋封存的技术主要包括溶解型和湖泊型两种。溶解型海洋封存是将 CO_2 输送到深海中，使其自然溶解并成为自然界碳循环的一部分；湖泊型海洋封存是将 CO_2 注入 3 000 米的深海中，由于 CO_2 的密度大于海水，会在海底形成液态 CO_2 湖，从而延缓 CO_2 分解到环境中的过程。

三、生态系统碳汇能力巩固提升

（一）巩固生态系统固碳作用

在国土空间规划的编制和实施中，应构建有利于实现碳达峰和碳中和目标的国土空间开发保护格局。这包括严格守护生态保护红线，严控对生态空间的占用，建立以国家公园为主体的自然保护地体系。此外，还需稳定现有森林、草原、湿地、海洋、土壤、冻土和岩溶等生态系统的固碳功能。同时，应严格执行土地使用标准，加强对节约集约用地的评估，推广节约土地的技术和模式。这些措施有助于优化国土资源的利用和保护，从而支持中国在应对气候变化方面的长期目标和承诺。

（二）提升生态系统碳汇能力

为增强生态系统碳汇能力，需执行生态保护修复重大工程。这包括推进国土绿化，巩固退耕还林还草成果，扩大林草总量；加强森林保护，实施精准提升森林质量工程，提高森林的质量和稳定性；加强草原生态保护和修复，提升草原植被覆盖度；强化河湖和湿地的保护和修复；全面推进海洋生态系统保护和修复，增强红树林、海草床、盐沼等的固碳能力；加强退化土地的修复和治理，综合治理荒漠化、石漠化、水土流失，并实施历史遗留矿山生态修复工程。

森林是陆地生态系统中最大的碳库，是 CO_2 的吸收器、储存库和缓冲器。森林由于生长周期长、光合作用面稳定的特点，碳汇功能呈现显性化。树木通过光合作用吸收了大气中大量的 CO_2，减缓了温室效应，其固碳功能是自然碳封存的过程，相对于人工固碳不需提纯 CO_2，从而可节省分离、捕获、压缩

CO_2 气体的成本。因而，植树造林成为增加碳汇、减少排放成本较低且经济可行的主要方式。林木每生长 1 米，平均吸收约 1.83 吨 CO_2，释放 1.62 吨 O_2。1 亩[①]茂密的森林一般每天可吸收 CO_2 67 千克，放出 O_2 49 千克，可供 65 人一天的需要。森林植被区的碳储量几乎占到陆地碳库总量的一半。植树造林是低碳化最简易、最有效的途径。要大力植树造林，重视培育林地，特别是营造生物质能源林，在吸碳排污、改善生态的同时，创造更多的社会效益。第九次全国森林资源清查数据表明，我国森林植被总碳储量已达 91.86 亿吨。林业碳汇就是通过森林的储碳功能，吸收和固定大气中的 CO_2，并按照相关规则与碳汇交易相结合的过程、活动或机制。

（三）加强生态系统碳汇基础支撑

利用和扩展自然资源调查监测体系，充分运用国家林草生态综合监测评价的成果，建立生态系统碳汇的监测和核算体系。这包括开展森林、草原、湿地、海洋、土壤、冻土、岩溶等生态系统的碳汇基础调查、碳储量评估和潜力分析，以及对生态保护修复碳汇效果的监测和评估。同时，加强陆地和海洋生态系统碳汇的基础理论、方法和前沿技术研究。此外，建立和完善能够反映碳汇价值的生态保护补偿机制，并研究制定碳汇项目参与全国碳排放权交易的相关规则。

碳吸收汇对于实现碳达峰、碳中和具有重要及长远的意义。必须积极推进 CCUS 关键技术、直接空气碳捕集（DAC）技术，及其在工业、电力等领域的集成技术研发，对太阳辐射管理等地球工程技术进行全面探索并对其综合影响进行评估，大力发展农业、林业、草原减排增汇技术，海洋、土壤等碳储技术，海洋"蓝碳"技术等，推动这些技术实现推广应用。

第二节　绿色生活

绿色生活不仅能够减少二氧化碳的排放量，而且有利于减缓全球气候变暖和环境恶化的速度。低能量和低消耗低开支的生活方式不仅能保护地球环境，而且能保证人类在地球上长期舒适安逸地生活和发展。

一、绿色消费

要如期完成碳达峰、碳中和计划，必须聚焦消费端，从亿万民众的普通生活着手，让碳减排理念深入人们的日常生活与消费，改变传统的生活方式与消

---

① 亩为非法定计量单位，1 亩 $\approx 666.7 m^2$。下同——编者注

费行为。

有研究机构对欧洲居民日常消费过程中产生的碳排放进行调查研究发现，在所有因消费产生的碳排放中，交通运输占比为 30%，餐饮占比为 17%，家庭生活占比为 22%，家居及生活用品占比为 10%，衣服占比为 4%。由此可见，在消费端的碳排放中，吃、住、行三个环节的碳排放占比较大。下面对饮食、家居这两个最有可能实现碳减排的环节进行重点讨论。

（一）绿色饮食

在其他条件不变的情况下，居民的饮食结构中，素食产生的碳排放远远低于肉食。其原因主要在于动物在成长过程中对食物的利用率比较低，会造成一定程度的浪费，再加上动物会排放 CH_4 类气体，最终造成较高的碳排放。即便同为肉类，牛肉、羊肉在生产过程中产生的碳排放大约是鸡肉、猪肉的 4 倍。

在西方国家的饮食结构中，肉类占比极大，肉类消耗所产生的碳排放在饮食碳排放中的占比达到了 56.6%。在中国人的饮食结构中，小麦、水稻等主食占比较大，肉类占比较小，肉类消耗所产生的碳排放在饮食碳排放中的占比大约为 36.6%。

据预测，随着膳食结构优化调整，到 2030 年，仅饮食习惯就可以减少6 621 万吨的碳排放。

（二）杜绝浪费

目前，在消费端，食物浪费现象非常严重，尤其是宴请、聚餐等场景。根据《中国城市餐饮食物浪费报告》，朋友聚餐每餐每人浪费食物大约为 107 克，商务宴请平均每餐每人浪费食物大约为 102 克，浪费率极高。另外，食物浪费还与餐厅规模有关，大型餐厅平均每餐每人浪费食物 132 克，比平均水平要多93 克。相比之下，小型餐厅与快餐店的食物浪费要少很多，平均每餐每人浪费食物分别为 69 克和 38 克。

（三）绿色家居

根据 IEA 统计数据，在居民日常生活的碳排放中，家庭生活的碳排放占比超过了 20%。家庭生活的碳减排没有统一的方案，一方面要依靠碳减排技术的发展、能源结构的改善，另一方面需要居民养成绿色消费习惯，逐渐减少碳排放。

美国密歇根州立大学研究表明，随着房屋节能改造、家电更新维护、晒干代替烘干、降低热水温度等绿色生活方式的不断推行，家庭生活的碳排放可以减少 15%。另外，做好垃圾分类也有利于碳减排。

（四）支持环保

随着居民的环保意识不断增强，消费模式不断改善，也有助于减少碳排放，实现碳中和的目标。例如，减少外卖包装消费。目前，我国的外卖市场仍处在高速发展阶段，2020 年我国在线外卖市场规模为 6 646.2 亿元，同比增长 15%。大部分外卖包装盒、包装袋是一次性的，用完即弃，造成了严重的环境污染，是餐饮行业碳排放的重要来源。如果用可以重复使用的包装袋取代一次性塑料袋，就可以极大地减少环境污染，减少碳排放。在外卖包装中，塑料是最主要的包装材料。美团外卖调查发现，在外卖餐盒和包装袋中，塑料材质占比超过了 80%，其中大部分为聚丙烯和聚乙烯等普通塑料。目前，在外卖包装废弃物处理方面，我国还没有形成完整的链路，常用的处理方式就是焚烧、填埋，这个过程会排放大量的 CO_2。虽然目前我国已经出现了一些可降解的包装材料，但因为相关技术不成熟，成本较高，导致这些材料还没有实现大规模应用，外卖包装污染问题亟须通过其他方式予以解决。

除此之外，居民还可以减少一次性筷子、一次性纸杯的使用，多购买电子书等。随着居民的环保意识不断增长，日常生活产生的碳排放必将大幅下降，为碳达峰、碳中和目标的实现提供助力。

二、绿色供给

与日常生活相关的企业在节能减排方面也有很大的发力空间，包括产品创新、提效降耗、包装减量等，可以引导居民绿色消费，释放绿色消费在碳减排方面的规模效益。

（一）产品创新

产品创新可以在一定程度上减少家庭能源消费。我国家庭能源消费以电能、天然气、煤炭为主，其中电能的消耗量最大。随着家用电器越来越多，家庭生活的用电量不断增长。因此，想要减少居民用电的碳排放，关键在于优化电能结构，减少煤电占比。此外，家电生产行业可以提高家电能效标准，通过这种方式减缓家庭用电量的增长速度。一方面，我国家电生产企业要提高新家电的能效水平，尤其是空调、中央空调等用电量较大的电器；另一方面，家电企业、商家可以开展家电以旧换新活动，鼓励居民淘汰旧家电。因为家电使用的时间越长，平均能效水平就越低，单台家电的能耗就越高。

为了实现节能减排，家电行业推出了很多方案，如使用变频技术提高空调、冰箱、洗衣机等家电的能效水平；使用太阳能热水器或者冷凝燃气热水器减少耗电量，提高能源利用效率；使用 LED 灯取代传统的节能灯、白炽灯，减少电能消耗等。在碳达峰、碳中和背景下，这类创新产品将越来越多。

（二）提效降耗

在生产环节，原材料损耗也会带来较大的碳排放。以家具行业为例，家具行业利用智能制造技术，开展柔性化生产，可以极大地提高木材利用率，减少碳排放。

我国木材消耗量排名世界第二，减少木材消耗、提高木材利用率是减少碳排放、实现碳中和的重要举措。根据中国林产工业协会和前瞻产业研究院公布的数据，近十年，我国木材消费总量以173％的速度增长，其中家居家装领域的木材消耗占比持续升高。在家居家装领域的木材消费结构中，占比最高的是人造板，大约为32.99％，实木类家具占比大约为3％。由此可见，家具行业提高木材的利用率，使用其他材料代替木材，可以有效减少碳排放。

（三）包装减量

电商、快递行业的快速发展给人们的生活带来了诸多便利，但快递包装造成了不小的环境污染，给城市清运带来了一定的挑战。目前，具体来看，快递包装主要面临着以下问题：回收率较低、过度包装、二次包装、可降解塑料利用率低等。

1. 减少塑料使用

《自然气候变化》发布的一份研究显示，如果塑料产量的增长率降至2％，到2050年，塑料制品的碳排放可以减少56％。利用可降解塑料代替一次性塑料，如使用以植物淀粉为原料的淀粉基塑料和聚乳酸PLA，减少塑料回收处理产生的碳排放。

2. 减少过度包装

我国很多行业都存在过度包装问题，如茶叶、白酒、月饼等。以白酒为例，近几年，随着消费者消费理念的转变，光瓶酒取代盒装酒，玻璃瓶取代陶瓷酒瓶成为主流趋势。调研发现，2016—2020年，我国光瓶酒市场规模复合增速达到了20％，预计未来五年，光瓶酒市场规模将保持15％的增长速度。相较于陶瓷瓶来说，玻璃瓶回收更简单，因为碎玻璃的熔化温度低于新制玻璃所需温度，而且更易于重新造型，整个过程产生的碳排放相对较少。

3. 减少包装材料的用量

在不损害保护作用的前提下尽量减少包装材料的用量。例如，电商快递减少二次包装，2025年所有电商快递都要做到不进行二次包装，还可以利用智能包装算法提高包裹的填充率，减少包装体积。

4. 包装材料重复使用

包装材料要具备重复使用的功能，尽量不使用一次性材料，如使用循环快递箱和循环中转袋。根据国家邮政局的统计，2019年，我国投入使用的循环快递箱有 200 万个,预计到 2025 年将达到 1 000 万个。

第三节　低碳工业

工业是产生碳排放的主要领域之一,对全国整体实现碳达峰具有重要影响。工业领域需要加快绿色低碳转型和高质量发展。

一、发展节能工业

(一)工业结构节能

推动工业领域绿色低碳发展,必须优化产业结构。采取强有力的措施,坚决遏制"两高"项目盲目发展,加快退出落后产能。大力发展战略性新兴产业,加快传统产业绿色低碳改造。促进工业能源消费低碳化,推动化石能源清洁高效利用,提高可再生能源应用比重,加强电力需求侧管理,提升工业电气化水平。

(二)工业技术节能

积极研发新材料、新技术,推动现有节能技术与设备不断升级,提高原材料的利用率,提高能源的精细化管理水平以及能源利用效率。优化钢铁、水泥等生产实现绿色转型,积极推进电能替代、氢基工业、生物燃料等技术的研发与应用,包括氢能炼钢、电炉炼钢、生物化工制品工艺等,加速推进以 CO_2 为原料的化学品合成技术研发。

(三)工业管理节能

1. 完善绿色制造技术标准与管理规范

围绕绿色技术、绿色设计、绿色产品建立行业标准与管理规范。一方面,要对现行标准进行整理、汇总与清查,按照绿色可持续的原则对现有标准进行修订完善,尽快开发新技术、新产品标准,严格实施标准管理;另一方面,要积极参与国际绿色标准的制定,推动我国的绿色标准走向世界。

2. 鼓励金融机构创新,加大对绿色制造的资金支持

制造企业的绿色低碳转型需要大量的资金支持。因此,要鼓励金融机构参与绿色制造的发展,专门针对制造企业的绿色低碳转型开发金融信贷产品,利用风险资金、私募基金等手段创建有利于制造企业绿色发展的风险投资市场。同时,中央财政、地方财政可以为优秀的中小制造企业提供担保,鼓励银行加大对绿色低碳转型的中小制造企业的信贷支持。

3. 大力发展绿色运输,推动绿色物流发展

要大力发展多式联运与共同配送,建立健全交通信息网络,推动运输环节

实现绿色发展；创建绿色仓储体系与仓储设施，对仓储布局进行优化。

4. 引导绿色消费行为

推动政府采购工程实现绿色化升级，对政府实行绿色采购的责任与义务做出明确规定，并制定完善的奖惩标准。同时，在全社会开展宣传教育，引导企业制定绿色发展战略，帮助消费者树立绿色消费理念，培养绿色消费习惯。

二、重视绿色制造

绿色制造是综合考虑环境影响和资源效益的现代化制造模式，其目标是使产品从设计、制造、包装、运输、使用到报废处理的整个产品生命周期中，对环境的影响最小，资源利用率最高，从而使企业经济效益和社会效益协调优化。建设绿色工厂和绿色工业园区。推进工业领域数字化、智能化、绿色化融合发展。

在碳中和背景下，我国要推动制造业转型升级，大力发展绿色制造、构建绿色制造体系、转变发展理念，升级技术体系，完善相关标准，鼓励相关企业与机构在核心关键技术领域攻坚克难，推动整个工业体系转型升级，在这个过程中创造更多新的经济增长点。

根据绿色制造的相关理念，制造企业要在保证产品质量与功能的前提下，综合考虑资源利用效率以及生产过程对环境的影响，不断升级技术、优化生产系统，在产品设计、生产、管理全过程贯彻"绿色"理念，推动供应链实现绿色升级，开展绿色就业，降低生产过程对环境的影响，提高资源利用率，切实提高经济效益、生态效益与社会效益。

随着工业化进程不断推进，我国进入工业化后期，制造业的发展空间依然很大，但也面临着新一轮全球竞争带来的严峻挑战。在 2008 年国际金融危机结束后，全球进入经济复苏阶段，发达国家提出了低碳发展理念，对绿色经济发展产生了积极的推动作用。在此形势下，我国将发展绿色制造纳入"十四五"发展规划的意义重大。一方面，发展绿色制造可以对新型工业化、"制造强国"建设产生积极的推动作用；另一方面，发展绿色制造可以推进经济结构调整，转变经济发展方式，在全球低碳市场提高竞争力，为能源安全、资源安全提供强有力的保障。

三、鼓励循环经济

在"制造—流通—使用—废弃"这种传统的制造模式下，企业与消费者都比较注重产品质量，忽视了对废弃物的处理。随着生产技术不断发展，产品更新换代的速度以及废弃物的产出速度不断加快，找到一种科学的方法对废弃物进行回收利用成为传统制造模式面临的最大难题。

如果说传统制造模式是一种开放的生产模式，那么绿色制造就是一种闭式循环的生产模式，因为它在传统制造流程中加入了"回收"环节。在绿色制造的闭式循环模式下，产品设计、材料选择、加工制造、产品包装、回收处理都要做到绿色、低碳。

（一）绿色设计

绿色设计指的是在设计产品的过程中，既要对产品性能、质量、开发周期、开发成本等进行综合考虑，又要对产品生产、使用过程对资源、环境的影响进行充分考虑，对各种设计因素进行优化，在最大程度上减少产品设计与制造对环境的影响。绿色设计是绿色制造的基础，要遵循六大原则，具体如表 3-5 所示。

表 3-5　绿色设计需遵循的六大原则

原则	具体要求
宜人性	产品在制造、使用过程中不会对人和生态环境造成伤害
节省资源	这里的资源不仅包括各种材料与能源，还包括人力与信息等资源，绿色设计要求产品制造过程减少对上述资源的消耗
延长产品使用周期	使用标准化、模块化结构对易损零部件进行设计，以便在出现损坏时及时更换，从而延长产品的使用周期
可回收性	设计产品时尽量减少用材种类，尽量使用可回收、可分解的材料，以便在产品生命周期终结后可以回收再利用
清洁性	尽量使用污染较小，甚至没有污染的方法制造产品
先进性	满足消费者对产品的个性化需求

（二）绿色材料

绿色材料要符合能耗低、噪声小、无毒性、对环境无害等标准，即便对环境和人类有危害，也可以采取措施减少或者消除危害。在绿色制造模式下，生产企业在选择绿色材料时要优先选择可再生材料，尽量选择能耗低、污染小、可以回收、环境兼容性比较好的材料，尽量规避可能对环境造成毒害或者辐射污染的材料，所选择的材料要满足可回收再利用、再制造、容易降解等标准。

（三）绿色工艺

绿色工艺又称清洁工艺，要求在提高生产效率的同时减少有毒化学品的用量，改善车间的劳动环境，降低产品生产过程对人体的损害，让产品实现安全与环境兼容，最终达到既提高经济效益，又减少对环境的影响的目的。例如，改变原材料的投入，对原材料进行就地再利用、对回收产品进行再利用、对副产品进行回收利用等；改变生产工艺、生产设备、生产管理与控制，在最大程度上减少产品生产过程对生态环境、人类健康的损害，做好废弃物排放对环境影响的评价，采取有效措施控制。

（四）绿色包装

绿色包装要符合以下标准：第一，不会对生态环境、人体健康造成伤害；第二，可以循环使用或者再生利用；第三，可以促进可持续发展。按照发达国家的标准，绿色包装要符合"4R＋1D"原则，即包装减量（reduce）、重复使用（reuse）、回收利用（recycle）、资源再生（recover）和使用可降解塑料（degradable）。

推广应用绿色包装关键要做好三项工作，如表3-6所示。

表3-6　推广应用绿色包装的三大策略

策略	具体内容
优化产品包装方案	在不影响包装质量的前提下减少包装材料的使用
加强包装技术创新	做好包装材料、包装工艺、包装产品的研发与迭代，研发更多可以实现再利用、再循环、可降解的包装材料，让包装废弃物的回收利用变得更简单、更高效
注重废弃物回收处理技术的研发	鼓励相关企业与机构积极研发包装废弃物回收处理技术，提高废弃物回收利用水平与效率

（五）绿色回收处理

随着一个产品的生命周期走向终结，如果不对其进行回收处理，产品就只能作为废弃物堆积在垃圾场，不仅会造成环境污染，还会造成资源浪费。解决这个问题最好的方式就是利用各种回收策略对产品进行回收再利用，让产品的生命周期成为一个闭环。绿色回收处理的最终目的应该是将产品废弃后对环境的影响降至最低，相较于传统的回收策略来说，绿色回收处理的成本更高。现阶段，绿色回收处理要针对不同的情况制定不同的方案。

废弃物回收再利用可以直接减少碳排放，因为相较于重新制造以及废弃物填埋所产生的碳排放来说，废弃物回收再利用产生的碳排放更少。研究表明，每回收1吨废弃物，最多可以减少8.1吨的碳排放。当然，材料不同，回收再利用的碳减排效果也不同。对于塑料来说，分类回收可以提高回收再利用的效率，将单位碳排放减少50％～100％。对快递包装材料进行回收，通过加工将其转变为新的快递包装材料，如瓦楞纸回收再造纸浆等。

第四节　节能建筑

根据联合国环境规划署发布的数据，在全球能源消耗中，建筑行业的能源消耗占比为 30%～40%，所产生的温室气体占比超过了 30%。如果建筑行业不改变生产方式、提高能效、节能减排，到 2050 年其排放的温室气体在温室气体排放总量中的占比将超过 50%。按照规划，我国要在 2060 年实现碳中和。在这一目标的指引下，我国建筑行业必须实现深度脱碳，让 CO_2 实现近零排放。

一、建筑能源利用现状

根据中国建筑节能协会能耗专委会 2020 年发布的《中国建筑能耗研究报告（2020）》中显示，2018 年全国建筑全寿命周期能耗为 21.47 亿吨标准煤当量，在全国能源消费总量中的占比为 46.5%。其中，建材生产、建筑施工、建筑运行三个阶段的能耗分别为 11 亿吨标准煤当量、0.47 亿吨标准煤当量、10 亿吨标准煤当量，在建筑全生命周期能耗中的占比分别为 51.3%、2.1%、46.6%，在全国能源消费总量中的占比分别为 23.8%、1.0% 和 21.7%。

2018 年全国建筑全生命周期的碳排放总量为 49.3 亿吨 CO_2，在全国能源碳排放总量中的占比为 51.2%。其中，建材生产、建筑施工、建筑运行三个阶段的碳排放总量分别为 27.2 亿吨 CO_2、1 亿吨 CO_2、21.1 亿吨 CO_2，在建筑全生命周期碳排放中的占比分别为 55.2%、2.0%、42.8%，在全国能源碳排放中的占比分别为 28.3%、1.0%、21.9%。

国家统计局公布的数据显示，2020 年，我国建筑行业总产值为 26.4 万亿元，同比增长 6.2%；建筑业增加值为 7.3 万亿元，同比增长 3.5%，占全国 GDP 的 7.2%。自 2011 年以来，建筑业增加值占国内生产总值的比重始终保持在 6.75% 以上，是国民经济的支柱产业。另外，我国建筑行业的规模居全球首位，每年新增建筑面积大约为 20 亿米^2，相当于全球新增建筑总面积的 1/3。因此，在碳中和目标下，建筑行业低碳化发展、深度脱碳势在必行。

二、城镇建筑物空间立体绿化

城镇建筑物空间立体绿化是根据不同的环境条件，在城镇各种建筑物和其他空间（如屋顶、墙面、阳台、门庭、廊、柱、栅栏、立交桥、坡面、河道堤岸等）上栽植攀缘植物或其他植物的一种城镇绿化方式。图 3-2 所示为墙面绿化。

北京市园林科学研究院的调查显示，屋顶绿化每年可以滞留粉尘 2.2 千克/公顷，建筑物的整体温度夏季可降低约 2 摄氏度。根据一项实验的测试，夏天时有攀缘植物攀附的墙面，温度能降低 5～14 摄氏度，室温可降低 2～4 摄氏度。如果一个城市将住宅小区的屋顶全部绿化，在高大建筑物屋顶建立草坪或空中花园，增加的绿化覆盖面积是巨量的，有研究表明这种绿化方式可使整个城市的最高温度降低 5～10 摄氏度、建筑顶层温度降低 3～5 摄氏度，这还没有计算在建筑物墙面栽植攀缘植物等。因此，推广普及城镇建筑物的空间立体绿化，在提高城镇空气质量、节约能源、缓解热岛效应的同时，还能提升城镇有限的碳汇水平。联

图 3-2　墙面绿化

合国环境规划署的研究显示，当一个城市的屋顶绿化率达到 70% 以上，城市上空 CO_2 含量能下降 80%，热岛效应会消失。

立体绿化在我国正处于发展过程中，很多城市已经将发展城镇建筑物空间立体绿化作为建设美丽城市的重要因素。《上海市绿化条例》规定，新建公共建筑以及改建、扩建中心城内既有公共建筑的，应当对高度不超过 50 米的平屋顶实施绿化；中心城、新城、中心镇以及独立工业区、经济开发区等城市化地区新建快速路、轨道交通、立交桥、过街天桥的桥柱和声屏障，以及道路护栏（隔离栏）、挡土墙、防汛墙、垃圾箱房等市政公用设施，应当实施立体绿化。鼓励适宜立体绿化的工业建筑、居住建筑以及其他建筑，实施多种形式的立体绿化。北京市《屋顶绿化规范》也提出了屋顶绿化建议性指标，规定花园式屋顶绿化的绿化面积占屋顶总面积≥60%、种植面积占绿化面积≥85%、铺装园路面积占绿化面积≤12%、园林小品面积占绿化面积≤3%，简单式屋顶绿化的绿化面积占屋顶总面积≥80%、绿化种植面积占屋顶总面积≥80%、铺装园路面积占绿化面积≤10%。随着立体绿化模式的推广，很多省（区、市）也制定了屋顶绿化的地方标准。

当前，城镇建筑物空间立体绿化的方式主要有屋顶绿化、墙面绿化、阳台绿化、室内绿化、坡面绿化、棚架绿化和篱笆绿化。在新型城镇化过程中，城镇建筑物空间立体绿化要结合建设低碳城镇的要求，根据当地实际，采用点缀式、地毯式、花园式和田园式等建筑物空间立体绿化类型。

三、节能建筑路径

建筑全生命周期有三个阶段会产生能耗，分别是建筑建造阶段、建筑运行阶段和建筑拆除阶段。其中，建筑建造阶段的能耗主要产生于建筑材料的开采、生产、运输环节，建筑构件生产环节，以及建筑施工过程中消耗的各种资源；建筑运行阶段的能耗主要产生于供暖、制冷、通风、空调和照明等用于维护建筑环境的设备与系统用能，建筑内活动，包括办公、炊事等用能；建筑拆除阶段的能耗主要产生于拆除机械运作产生的能耗，拆除后物料运输产生的能耗，以及材料回收处理产生的能耗等。下面分阶段对建筑低碳化技术与方法进行探索。

（一）建筑建造阶段

在建筑建造阶段，碳排放主要来源于建材生产和现场施工。在建筑全生命周期的碳排放中，这个阶段产生的碳排放在全生命周期碳排放总量中占比接近30%。在建筑建造阶段，建筑材料的用量增加、施工过程中的机械化程度提高、建筑质量或标准提高导致单位建造成本提高等，都会导致这一阶段的碳排放增加。相反，施工机械的能效提高、能源使用强度降低、能源结构优化等，都会导致这一阶段的碳排放减少。因此，建筑建造阶段的碳减排可以从以下三个方面切入。

1. 建筑材料减碳

通过使用可回收、可再生的材料或者复合纤维材料实现碳减排，前者如木材，后者如利用植物纤维制造的具有高阻燃性和高强度的建筑材料。另外，建筑企业还可以对既有材料进行回收再利用，这里的"既有材料"可以参考"城市矿产"概念。城市矿产指的是废旧机电设备、电线电缆、通信工具、汽车、家电、电子产品、金属和塑料包装物以及废料中潜藏的可以循环利用的钢铁、有色金属、贵金属、塑料、橡胶等资源。通过对这些资源进行回收再利用，不仅可以缓解资源短缺问题，而且可以减轻环境污染，发展循环经济。同时，建筑行业还可以利用再生混凝土、再生砖、再生玻璃、再生沥青等再生材料减少碳排放。

2. 结构工程减碳

结构工程实现碳减排的措施有三种：①优化结构设计提高结构韧性，延长结构的使用寿命，从而降低碳排放；②简化结构减少建筑材料的用量，从而降低碳排放；③构件再利用技术减少碳排放，如对连接件、节点等进行再利用。

3. 建造过程减碳

建造过程实现碳减排的方法是：①采用低碳工艺与绿色建造体系；②减少

建筑垃圾的产生，对建筑垃圾进行再利用；③采用新型节能装备和工艺；④执行绿色施工标准；⑤推广装配式建筑。

（二）建筑运行阶段

建筑运行阶段指的是建筑使用阶段，倾向于使用能耗更少的节能设备或者建筑技术，实现建筑运行阶段的碳减排。建筑运行过程消耗的能量根据建筑系统而变化，建筑使用过程就是消耗能量的过程。根据世界可持续发展工商理事会（WBCSD）报告，建筑物消耗的能源中有88％是在使用和维护过程中消耗的。为了提高建筑运行过程中的能源利用效率，在建筑设计阶段就应该采取的措施有：①将房屋与交易区域、办公室和零售区域结合起来，让人们有机会在他们工作和购物的地方居住；②以支持公共交通为前提设计可持续建筑；③使用节能灯具和节能设备；④推行"被动式建筑"理念，即将自然通风、采光、太阳能辐射、室内非供暖热源等被动节能手段与建筑围护结构高效节能相结合建造而成的低能耗建筑。

（三）建筑拆除阶段

建筑拆除阶段实现碳中和的措施主要是对建筑拆除后的资源进行回收利用，减少资源浪费，进而减少碳排放。

以绿色发展理念为牵引，全面深入推进绿色建筑和建筑节能，充分释放建筑领域巨大的碳减排潜力。截至2020年底，城镇新建绿色建筑占当年新建建筑占比高达77％，累计建成绿色建筑面积超过66亿米^2。累计建成节能建筑面积超过238亿米^2，节能建筑占城镇民用建筑面积占比超过63％。"十三五"期间，城镇新建建筑节能标准进一步提高，完成既有居住建筑节能改造面积5.14亿米^2，公共建筑节能改造面积1.85亿米^2。可再生能源替代民用建筑常规能源消耗比重达到6％。

第四章
能源碳中和技术

以化石能源为主的能源消费结构（化石能源占比约 82%）是中国碳排放增长最主要的因素之一。2023 年 11 月，碳达峰、碳中和目标下绿色低碳发展战略研讨会提出，能源电力低碳转型是碳达峰、碳中和目标实现的关键环节。

为使我国在 2060 年前实现碳中和，能源系统需要更早布局，其中电力系统甚至要在 2045 年以前实现零碳。推动碳减排，就必须推动以化石能源为主的能源结构转型。通过大力发展低碳能源来替代传统化石能源，已成为能源企业业务转型的必由之路。在加快推进我国能源结构向清洁、低碳转型的背景下，一批清洁能源技术（如核能技术、氢能技术、生物质能技术等），储能技术（如热化学储能技术、相变储能技术等），碳捕集、利用与封存技术，能源数字化和智能化技术等具有颠覆性的关键技术将成为当前和未来能源领域技术研发和攻关的重点。

第一节　煤炭清洁高效利用技术

煤炭是古代植物埋藏在地下经历了复杂的生物化学和物理化学变化逐渐形成的固体可燃性矿物，其作为能源对人类的发展做出了巨大的贡献，但煤炭在开发与利用过程中也产生了一系列污染问题，并危及生态和环境。煤炭利用过程产生的污染物包括一氧化氮、二氧化氮、二氧化硫、颗粒物（PM）和重金属等，这些污染物积聚在空气和水中，并导致浸出、挥发、熔化、分解、氧化、水化和其他化学反应，从而对环境和人类健康造成严重影响，因此实现对煤清洁高效的利用十分必要。洁净煤技术旨在最大限度地发挥煤作为能源的潜能利用，同时实现最少的污染物释放，达到煤的高效、清洁利用的目的。

煤的利用路线如图 4-1 所示。传统意义上的洁净煤技术主要是指煤炭的净化技术及一些加工转换技术，即煤炭的洗选、配煤、型煤及粉煤灰的综合利用技术。洁净煤技术是旨在减少污染和提高燃烧效率的煤炭加工、燃烧、转换和污染控制新技术的总称，是当前世界各国解决环境问题的主要技术之一，也是国际竞争的一个重要领域。根据我国国情，洁净煤技术包括选煤、水煤浆、超临界火力发电、先进的燃烧器、流化床燃烧、煤气化联合循环发电、烟道气净化、煤炭气化、煤炭液化、燃料电池等。洁净煤技术分为直接烧煤洁净技术和煤转化为洁净燃料技术两类。

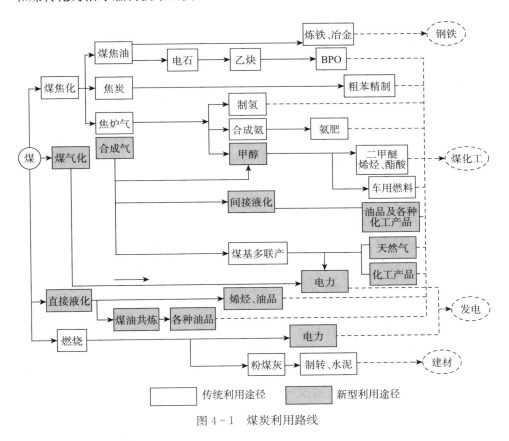

图 4-1　煤炭利用路线

一、直接烧煤洁净技术

（一）燃烧前处理技术

燃烧前的净化加工技术，主要包括洗选、型煤加工和水煤浆技术。

选煤是采用机械或物理化学处理方法，去除原煤中的有害杂质，提高原煤质量，使其满足某种特殊的用途，从而实现煤炭清洁高效利用的过程。原煤洗选采用筛分、物理选煤、化学选煤、细菌脱硫等方法，可以除去或减少灰分、矸石、硫等杂质。

型煤加工技术是用粉煤或低品位煤制成具有一定理化特性和形状的煤制品，可分为民用型煤和工业型煤。民用型煤是我国主要的民用燃料，工业型煤用于燃烧设备、煤气化等。

水煤浆是 20 世纪 70 年代石油危机中发展起来的一种新型、高效和清洁的煤基流体燃料，它是由约 70％的煤粉、30％的水和少量化学添加剂组成的混合体，约 2 吨普通水煤浆可代替 1 吨重油。水煤浆具有良好的流动性和稳定性，可以像油一样实现全密封储运和高效率的雾化燃烧。

（二）燃烧过程中的处理技术

燃烧中的净化燃烧技术，主要包括先进燃烧器技术和流化床燃烧技术。

先进燃烧器技术是通过采用或改进电站锅炉、工业锅炉和炉窑的设计及燃烧方式，减少污染物排放，提高效率，是煤燃烧中净化技术的重要课题。

流化床燃烧技术是把煤和脱硫剂（如石灰石）加入燃烧室的床层中，从炉底鼓风使床层悬浮进行的流化燃烧。流态化可提高燃烧效率，同时加石灰石固硫可以减少二氧化硫（SO_2）排放。按气固流动状态可分为鼓泡流化床和循环流化床；按燃烧室运行压力可分为常压流化床燃烧和加压流化床燃烧。与煤粉燃烧相比，流化床燃烧一氧化氮和二氧化氮可减少 50％以上；当钙元素与硫元素之比为 2∶1 时，其鼓泡流化床脱硫率为 80％，循环流化床脱硫率超过 90％，一氧化氮和二氧化氮排放浓度小于 200 毫克/米^3，则后续无须烟气脱硫装置。

（三）燃烧后净化处理技术

煤燃烧过程中会排放大量污染物，其中主要成分为一氧化氮和二氧化硫，因此脱硫和脱氮十分重要。煤燃烧后的净化处理技术，主要是消烟除尘和脱硫脱氮技术，其中重点为烟气脱硫技术。

烟气脱硫有干法脱硫、半干法脱硫、湿法脱硫技术等。干法脱硫包括炉内注钙脱硫技术、活性焦脱硫技术、循环流化床技术等。半干法脱硫包括喷雾干燥法、粉粒喷砂床法、循环流化床法等。湿法脱硫包括石灰石石膏法、双碱法、氧化镁法、氧化锌法、海水脱硫法、氨法、离子液体脱硫法、赤泥浆脱硫法等。

烟气脱硝技术按反应物形式分为湿法脱硝和干法脱硝。燃烧后脱硝是减少 NO 排放的最有效方法，因此燃烧后脱硝在工业中应用最广泛。湿法脱硝技术包括酸吸收法、碱液吸收法、氧化吸收法、活化法等。干式脱硝技术包括选择性催化还原（SCR）、非选择性催化还原（SCNR）和 SCR-SNCR 混合脱硝。

二、煤转化为洁净燃料技术

(一) 煤气化

煤气化 (gasification of coal) 是指在特定的设备内,在一定温度及压力下使煤中有机质与气化剂发生一系列的化学反应,将固体煤转化为含有 CO、H_2、CH_4 等可燃气体和 CO_2、氮气等非可燃气体的合成气 (syngas) 的过程。对气体产品进行进一步加工,可制得其他气体、液体燃烧料或化工产品。煤的气化过程如图 4-2 所示,经过气化,煤的潜热将尽可能多地变为煤气的潜热。

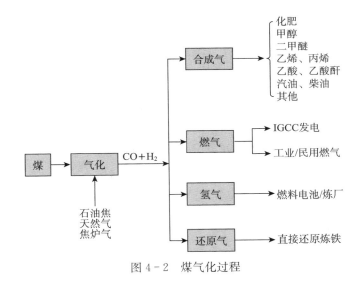

图 4-2 煤气化过程

根据气化炉的类型 (图 4-3),煤气化可分为固定床气化、流化床气化和气流床气化。

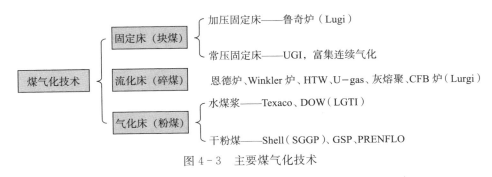

图 4-3 主要煤气化技术

1. 固定床气化

固定床气化技术也称移动床气化技术，是世界上最早开发和应用的气化技术。固定床气化技术的局限性是对床层均匀性和煤的透气性要求较高，入炉煤要有一定的粒（块）度（6～50 毫米）和均匀性。煤的机械强度、热稳定性、黏结性、结渣性等指标都与透气性有关。因此，固定床气化炉对入炉原料有很多限制。

固定床一般以块煤或焦煤为原料，煤由气化炉顶部加入，自上而下经过干燥层、干馏层、还原层和氧化层，最后形成灰渣排出炉外。气化剂自下而上经灰渣层预热后进入氧化层和还原层。床上方的燃料由顶部进入不断补充。当煤颗粒向下移动时，通过蒸汽或氧气混合物的反电流流动，被预热、干燥、脱挥、气化和燃烧。同时，作为含矿物物质的无机物质（被有机基质包围的无机颗粒）可以通过形成床灰或经历灰烬聚结形成黏性灰烬而被释放。

固定床煤气炉的运行方式类似于高炉（图 4-4），块煤从顶部输送，O_2（以及热量）从底部供应。固体停留时间很长，煤矿物被干燥去除（如 Sasol-Lurgi 天然气厂）或作为矿渣（如英国天然气-Lurgi 技术）。

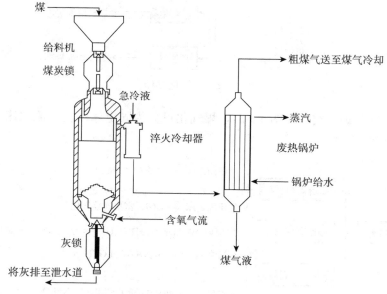

图 4-4　Sasol-Lurgi 干底固定床气化技术

2. 流化床气化

在流化床气化技术中气化剂由炉底部吹入，使细粒煤（粒度小于 6 毫米）在炉内呈并流反应与逆流反应。煤粒（粉煤）和气化剂在炉底锥形部分呈并流运动，在炉上筒体部分呈并流和逆流运动。并逆流气化对入炉煤的活性要求高，同时炉温低和停留时间短会带来炭转化率低、飞灰含量高、残碳高、灰渣分离困难、操作弹性小等问题。具有代表性的炉型为常压 Winkler 炉、加压 HTW 炉、山西煤炭化学研究所灰熔聚技术炉型等[1]。

按床内运行状态可分为鼓泡流化床和循环流化床。

鼓泡流化床结构如图 4-5 所示，通过床面气流的初始升速度为 1～3 米/秒，燃料有一清晰的起浮面，厚度一般为 70～110 厘米，气体携带的固体颗粒经旋风分离后再循环回床内。鼓泡流化床由于颗粒群和流体的返混以及速度分布的不均匀，会造成部分流体短路，从而使床内存在大量气泡。因此，炭颗粒在流化床稀相段的转化率低，设备利用率低。

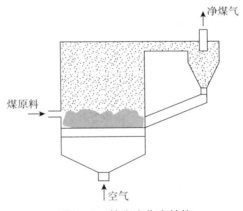

图 4-5　鼓泡流化床结构

循环流化床原理如下：对垂直气、固流动系统，当表观气速由湍动流态化进一步提高时，颗粒夹带速率逐渐增大，床层界面趋于弥散。当达到一定气速时，颗粒夹带速率达到气体饱和携带能力，在没有颗粒补入的情况下，床层颗粒将被快速吹空。为维持系统稳定运行，必须以相同的带出速率向床中补入颗粒。若补入速率太小，床层将由湍动流态化向稀相气力输送直接过渡；若补入速率足够高，并能够将带出颗粒回收回床层底部，则可在高气速下形成一种不

---

① Osborne，D. *The coal handbook*：*Towards cleaner production*：*volume 2*：*Coal utilisation*，Cambridge：Woodhead Publishing，2013.

同于传统密相流化床的密相状态，即快速流态化。以这种形式运转的流化床称为循环流化床。典型的循环流化床结构如图 4-6 所示，主要由上升管（即反应器）、气固分离器、回料立管和返料机构等几大部分组成。吹入炉内的空气流携带颗粒物充满整个燃烧空间而无确定的床面，高温的燃烧气体携带着颗粒物升到炉顶进入旋风器。粒子被旋转的气流分离沉降至炉底入口，再循环进入主燃烧室。

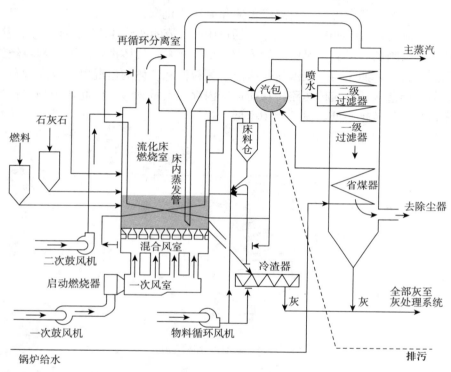

图 4-6 循环流化床结构

3. 气流床气化

气流床技术工业化起步最晚，但因其易于满足高压连续进料、采用纯氧气化、反应温度高、处理负荷大、煤种适应性广，契合现代煤化工发展、对煤气化技术单系列、大型化等方面的需求，气流床气化技术在近 40 年得到了快速发展。从原料路线看，国外气流床气化技术主要有以水煤浆为原料的 Texaco（AP）气化技术和 E-Gas 气化技术、以粉煤为原料的 Shell 气化技术、GSP 气化技术和科林气化技术。其中，GSP 气化技术和科林气化技术均为民主德国燃料研究所（DBI）开发的煤气化技术[①]。

气流床气化具有较大的煤种与粒度适应性和更优良的技术性能，是煤基大容量、高效洁净的燃气与合成气制备的首选技术。它在 1 300～1 700 摄氏度的汽化温度下液态排渣，使气化过程由约 900 摄氏度的化学反应控制和 1 100 摄氏度的化学反应与传递共同控制（900～1 100 摄氏度为固定床和流化床的通常温度范围）跃升为传递控制。此时，煤的化学活性已退居次要地位；粉煤或煤浆进料对原料煤已不再有大粒度要求；比粒度 6 毫米左右的粒煤的比表面积增加了近 2 个数量级，对提高热质传递速率和消除内扩散极为有利。

（二）煤炭液化

煤液化，是把固体状态的煤炭通过化学加工，使其转化为液体产品（液态烃类燃料，如汽油、柴油等产品或化工原料）的技术，现在经常称为煤制液体或 CTL。该技术主要通过两条路线实现：一条是煤的直接加氢，通常称为直接煤液化或 DCL；另一条是将煤结构分解成最小的构粒块，CO 和 H_2 通过气化，然后发生 CO 和 H_2 合成液体产品，通常称为间接煤液化或 ICL。这两种途径都需要在高温、高压、催化剂的条件下进行反应。

煤炭液化不仅可以生产汽油、柴油、LPG（液化石油气）和喷气燃料，还可以提取 BTX（苯、甲苯、二甲苯），也可以生产制造乙烯的原料。煤炭液化可以加工高硫煤，硫是煤直接液化的助催化剂，煤中硫在液化过程中可以转化成硫化氢（H_2S），再经分解可以得到元素硫产品。

1. 煤炭直接液化

直接煤液化（DCL）由 Friedrich Bergius 于 1913 年引入，是指将煤粉碎到一定粒度后，与供氢溶剂及催化剂等在一定温度（430～470 摄氏度）和压力（10～30 兆帕）下直接作用使煤加氢裂解转化为液体油品的工艺过程。最早的液化工艺中没有使用 H_2 和催化剂，而是先将煤在高温、高压的溶剂中进行溶解，产生高沸点的液体。

煤直接液化技术主要包括：①煤浆配制、输送和预热过程的煤浆制备单元；②煤在高温高压条件下进行加氢反应生成液体产物的反应单元；③将反应生成的残渣、液化油和气态产物分离的分离单元；④稳定加氢提质单元。

DCL 技术包括用煤制造原油、合成汽油和柴油，是一种类似于石油衍生的碳氢燃料产品的技术。其工艺流程如图 4-7 所示。

---

① 王辅臣：《煤气化技术在中国：回顾与展望》，《洁净煤技术》，2021 年第 1 期，第 1-33 页。

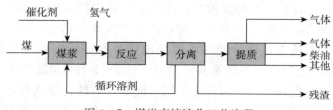

图 4-7　煤炭直接液化工艺流程

2. 煤炭间接液化

间接煤液化技术（ICL）由 Franz Fischer 和 Hans Trophsch 引入，其工艺流程如图 4-8 所示，先将煤全部气化成合成气（CO 和 H_2），然后以煤基合成气为原料，在一定温度和压力下，将其催化合成为烃类燃料油及化工原料和产品的工艺。ICL 技术可以生产费托（F-T）液体、甲醇（CH_3OH 或 MeOH）和二甲醚。

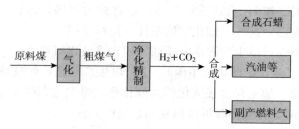

图 4-8　煤炭间接液化工艺流程

图 4-9 所示为基于 ICL 技术的煤液化工艺。该技术中添加水是为了增加煤中的 H_2 百分数。此外，通过将煤转化为合成气来进行气化过程，合成气的主要成分是 H_2 和 CO。如图 4-9 所示，煤的部分氧化产生的热量用于驱动气化反应。在气化过程之后，合成气随后直接被水骤冷，或者通过冷却器冷却并清除污染物。在初始冷却后安装一个水煤气变换反应器，以调节合成气中 H_2 和 CO 的比例。此外，除硫是限制 SO_2 排放和保护催化剂的重要步骤。将硫限制在废气占比百万分之一水平的方法是将其吸收在有机流体中，并使胺与气体中的硫反应。Selexol 或 Rectisol 溶剂可用于吸收 CO_2 和 H_2。清洁的合成气离开脱硫装置，然后进入合成装置。在反应器中，H_2 和 CO 在 260 摄氏度的温度下转化为燃料油产品，然后进入纯化单元，即闪蒸罐或蒸馏，以获得所需的最终产品。

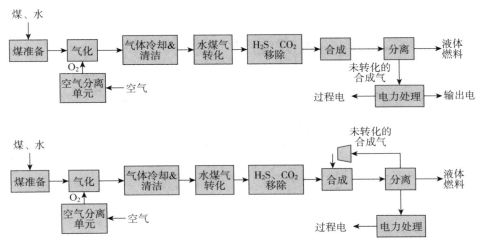

图 4 - 9　基于 ICL 技术的煤液化工艺

3. 煤气化联合循环发电技术

燃煤发电技术主要由传统的煤炭直燃和新型煤气化发电技术组成。关于煤炭的直接燃烧，亚临界压力、超临界压力、超超临界压力和循环流化床（CFB）发电技术在今天已得到广泛使用。煤气化发电技术主要涉及集成气化联合循环技术，这是一种发电效率高、环保性能优异的先进发电技术。

集成气化联合循环（integrated gasification combined cycle，简称 IGCC），即整体煤气化联合循环发电系统，是将煤气化技术和高效的联合循环相结合的先进动力系统。它由煤的气化与净化部分和燃气蒸汽联合循环发电部分组成。

与直接燃烧燃料相比，IGCC 的主要目的是利用固体或液相碳氢燃料以更清洁、更有效的方式通过气化产生合成气（有效成分主要为 CO、H_2），随后该合成气经除尘、水洗、脱硫等净化处理后，到燃气轮机做功产生电能。碳氢燃料通常包括煤、生物质、炼油厂底部残余物（如石油焦、沥青、除黏焦油等）和城市废物。实现清洁能源生产的方法是首先将固体或液体燃料转化为气体，以便在燃烧之前去除主要的微粒、硫、汞和其他微量元素来清洁这些燃料。清洁后的气体称为合成气，主要由 CO 和 H_2 组成，被送到常规的联合循环中发电。图 4 - 10 为一个由三个主要部分组成的简化 IGCC 工艺图，包含煤气化、气体净化和发电过程。IGCC 的最终目标是实现比常规煤粉发电厂（PC）更低的电费，并替代排放量相当的天然气燃烧联合循环系统。

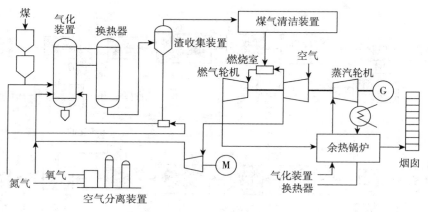

图 4-10 IGCC 系统简化图

第二节 煤炭的富氧燃烧技术

富氧燃烧是一项高效节能的燃烧技术,不仅能提高燃料利用率,而且能有效降低燃烧后的各种排放物的有害程度。作为全球最大的能源消费国之一,中国面临着能源供应紧张和环境污染的双重压力,因此富氧燃烧技术成为国内研究的热点。

一、富氧燃烧技术

富氧燃烧技术(oxy-fuel combustion),是以高于空气 O_2 含量(20.947%)的含氧气体进行燃烧的一种高效强化燃烧技术。该项技术研究始于 20 世纪 80 年代,最早实施该项研究的是美国 Argonne 国家实验室。该实验室进行了三个工业性试验,证明该技术具有提高火焰温度、降低燃点温度、加快燃烧速度、促进燃烧完全、减少燃烧后烟气量的排放、降低过量空气系数和提高热量利用率等优点[1]。

碳中和是人类最关注的问题之一,燃煤发电机组的深度 CO_2 减排是碳中和研究领域的前沿。燃煤富氧燃料锅炉示意图如图 4-11 所示。O_2 从空气中分离出来,然后与锅炉排出的循环气流混合后输送至炉膛参与燃料的燃烧。当水蒸气从烟气中冷凝出来后,产生的是高纯度的超临界压力 CO_2 流。

---

① 段翠九:《煤的循环流化床富氧燃烧及排放特性研究》,中国科学院研究生院(工程热物理研究所),2012 年。

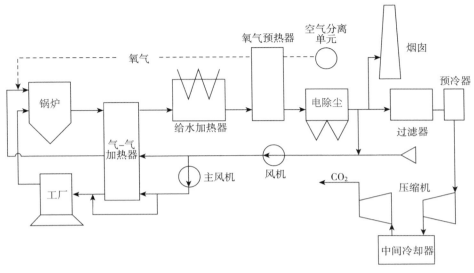

图 4 - 11　燃煤富氧燃料锅炉示意图

二、富氧燃烧技术研究现状

(一) 国外现状

国外对富氧燃烧技术的研究起步较早,已经形成了一定的理论基础和实践经验。主要的研究方向如下。

(1) 富氧燃烧技术的基本原理和特性,包括富氧燃烧的热力学、动力学、流体力学、传热传质、化学反应机理等方面的研究,以及富氧燃烧的燃烧效率、燃烧稳定性、燃烧污染物排放等方面的评价方法和标准的建立。

(2) 富氧燃烧技术的关键设备和系统的设计和优化,包括富氧气体的制备和输送设备、富氧燃烧器的结构和参数设计、富氧燃烧系统的控制和调节策略等方面的研究,以及富氧燃烧技术与其他技术的耦合和集成,如富氧燃烧与煤气化、富氧燃烧与 CO_2 捕集和利用等方面的研究。

(3) 富氧燃烧技术的应用和示范,包括富氧燃烧技术在不同行业和领域的适用性和可行性分析,以及富氧燃烧技术的工程实施和运行效果的评估和总结。

国外在富氧燃烧技术的研究和应用方面取得了一些成果和进展,如美国的富氧燃烧联合循环发电技术、德国的富氧燃烧水泥窑技术、日本的富氧燃烧钢铁炉技术等,但是也存在一些问题和挑战,如富氧燃烧技术的成本和效益分析、富氧燃烧技术的安全和可靠性保障、富氧燃烧技术的社会和环境影响评估等。

（二）国内现状

国内对富氧燃烧技术的研究相对较晚，但是近年也取得了一些进展和突破。主要的研究方向如下。

（1）富氧燃烧技术的基础理论和实验研究，包括富氧燃烧的燃料特性、燃烧反应过程、燃烧产物特性等方面的研究，以及富氧燃烧的数值模拟和实验验证方法的研究和改进。

（2）富氧燃烧技术的关键设备和系统的研制和改进，包括富氧气体的制备和输送设备、富氧燃烧器的研发和改良、富氧燃烧系统的集成和调试等方面的研究，以及富氧燃烧技术与其他技术的协同和创新，如富氧燃烧与生物质燃烧、富氧燃烧与燃料电池等方面的研究。

（3）富氧燃烧技术的应用和推广，包括富氧燃烧技术在不同行业和领域的适应性和优势分析，以及富氧燃烧技术的工程示范和运行效果的观测和总结。

国内在富氧燃烧技术的研究和应用方面也展示了一些成果和潜力，如中国科学院的富氧燃烧煤气化联合循环发电技术、清华大学的富氧燃烧钢铁炉技术、华北电力大学的富氧燃烧垃圾焚烧技术等，但是也面临一些问题和困难，如富氧燃烧技术的技术水平和成熟度、富氧燃烧技术的经济性和竞争力、富氧燃烧技术的规范和标准等。中国富氧燃烧技术研发路线如图 4-12 所示。

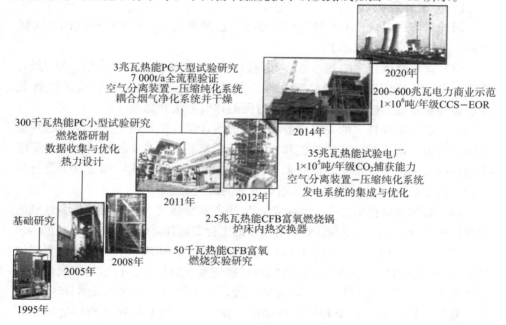

图 4-12　中国富氧燃烧技术研发路线

35 兆瓦热能富氧燃烧工业示范项目是富氧燃烧 CO_2 规模捕获技术走向商业化运营过程（0.4 兆瓦热能→3 兆瓦热能→35 兆瓦热能→200 兆瓦热能→600 兆瓦电力）中的关键一环。该项目由华中科技大学牵头在湖北省应城市建设，总投资超过 1 亿元，项目实现烟气中 CO_2 浓度高于 80%、CO_2 捕获率高于 90% 的 CO_2 富集和捕获目标，如图 4 - 13 所示。应城 35 兆瓦热能富氧燃烧工业示范基地，是继德国黑泵（30 兆瓦 PC）、澳大利亚 Callide（30 兆瓦 PC 改造）和西班牙 CIUDEN（20 兆瓦 PC 和 30 兆瓦 CFB）外的第四套，也是目前亚洲唯一的燃煤富氧燃烧工业示范装置，是继澳大利亚 Callide 电厂后第二套可工业放大的富氧燃烧发电工业示范装置。其特点如下：按空气富氧燃烧兼容方案设计，因此可用于存量机组改造；兼具有干烟气和湿烟气循环能力，可适用于高硫煤；配备了三塔空分系统，并实现了 82.7% 的烟气 CO_2 高浓度富集，综合能耗低。35 兆瓦工业示范被国际能源署纳入全球富氧燃烧研发路线图，被全球碳捕集封存研究院（GCCSI）誉为里程碑进展。该试验基地的建成和调试成功，标志着我国在富氧燃烧的关键装备研发、系统集成和调试运行等方面的整体水平已达到国际领先水平。

1 锅炉　　　　7 送风机
2 电除尘　　　8 引风机　　　　12 粗粉分离器
3 烟气换热器　9 增压风机　　　13 细粉分离器
4 脱硫塔　　　10 深冷空分　　　14 煤/粉仓
5 烟冷器　　　11 磨煤机　　　　15 布袋除尘器
6 烟囱

图 4 - 13　华中科技大学 35 兆瓦热能富氧燃烧示范项目

三、流化床富氧燃烧

目前，富氧燃烧的大多数研究都与煤粉燃烧有关。流化床燃烧技术（FB）

具有燃料适应性广、燃烧温度低、有害气体排放少、负荷调节范围大等一系列的优点，是可用于富氧燃烧的最有潜力的燃烧技术。与煤粉富氧燃烧室相比，火焰 FB 燃烧室的一个关键优势是能够通过最小化再循环烟气流量来减少给定煤输入的烟气流量，同时保持炉膛温度。固体材料的回收可将炉膛温度控制在最佳操作水平，以提高燃烧效率，并且不会产生任何潜在的结块风险。此外，流化床富氧燃烧可以使用多种燃料，如煤、石油焦、生物质和一系列替代燃料。流化床富氧燃烧还能降低氮氧化物排放和具有更好的脱硫能力。将 FB 锅炉从空气燃烧改造为富氧燃烧更容易，不需要新的燃烧器。

（一）循环流化床富氧燃烧技术

在促进碳达峰、碳中和的背景下，CFB 富氧燃烧技术是实现 CO_2 捕集与封存的重要途径。因为该技术的 CO_2 烟气纯度可达 95%，有利于 CO_2 捕获和存储。但是，该技术存在两个高能耗单元——空气分离单元（ASU）和 CO_2 压缩净化单元（CPU）使富氧燃烧技术的发电效率降低 10%～12%。但根据循环流化床锅炉多次物料循环的特点，将富氧燃烧技术和循环流化床相整合是一种更具竞争力的燃烧技术，该技术将是未来洁净煤发电技术发展的新方向。

富氧循环流化床如图 4-14 所示。燃料和床材料以高流化速度在燃烧室和旋风分离器之间循环，床材料可以确保热量在反应回路周围均匀分布，并提供燃烧所需的热量。

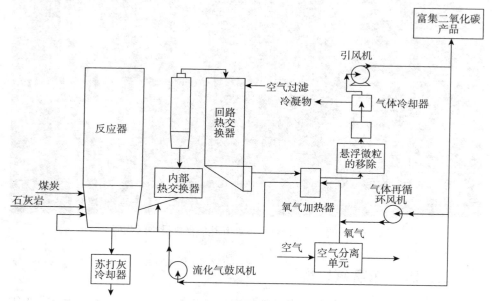

图 4-14　富氧循环流化床

循环流化床锅炉富氧燃烧具有以下特点：

（1）节约成本，有利于污染物的回收利用。富氧燃烧可以大幅减少烟气的流量，从而降低排放控制设备的规模和投资，如静电除尘器、湿式脱硫塔、催化脱硝系统和除汞设备等。同时，富氧燃烧可以使烟气中的 CO_2 浓度达到 90％以上，有利于 CO_2 的捕捉和利用，实现低碳排放。此外，富氧燃烧还可以提高烟气中其他污染物的浓度，如 SO_2、NO_x、Hg 等，有利于它们的回收和利用，减少对环境的影响。

（2）降低过剩空气系数，节约能源。富氧燃烧可以减少二次燃烧风量，降低过剩空气系数，从而减少烟气中的氮气和水蒸气的含量，降低余热损失，提高锅炉的热效率。据研究，富氧燃烧可以使锅炉的热效率提高 5％～10％。

（3）提高生产率，降低成本。富氧燃烧可以降低燃料的点火温度，提高燃烧速率，增加火焰强度，从而提高炉内的传热效率，增加锅炉的产能。同时，富氧燃烧可以使燃烧产物的辐射能力高于普通燃烧产物，增强炉内的辐射传热，从而降低锅炉的制造和运行成本。

（4）提高脱硫效率和钙利用率。富氧燃烧可以通过烟气再循环，增加石灰石和 SO_2 的接触机会，从而提高脱硫效率和钙利用率。据研究，富氧燃烧可以使脱硫效率提高 10％～20％，钙利用率提高 20％～30％。

（5）实现低氮氧化物排放。富氧燃烧可以消除热力型氮氧化物的生成，因为烟气中的氮气含量大幅降低，烟气温度也不会过高。同时，富氧燃烧可以通过回燃，利用固体颗粒的燃烧，延长燃料在炉内的停留时间，从而降低燃料型氮氧化物的生成。据研究，富氧燃烧可以使氮氧化物的排放量降低 50％～80％。

（6）适用于新锅炉的设计和旧锅炉的改造，易于实施，燃烧稳定。富氧燃烧技术可以在不改变锅炉结构的情况下，通过增加 O_2 的供给，实现对循环流化床锅炉的改造，提高锅炉的性能。同时，富氧燃烧技术也可以用于新锅炉的设计，提高锅炉的效率和环保性。富氧燃烧技术还可以通过调节 O_2 的浓度和烟气的再循环，实现对燃烧过程的控制，保证燃烧的稳定性。

（二）鼓泡流化床富氧燃烧技术

鼓泡流化床（bubbling fluidized bed，简称 BFB）是气速较低时的聚式流化气-固流化床。一些鼓泡流化床装置具有燃料和氧化剂分布设计，使床内发生高度的内部循环，而 CFB 装置使用更高的速度来诱导固体洗脱。BFB 装置通常以 1～3 米/秒的较低流化速度运行，而 CFB 装置的工作速度为 3～10 米/秒。鼓泡流化床的典型工作温度范围为 700～900 摄氏度。床温由燃烧特性控制。虽然在相对较低的燃烧温度下运行，但从床材料到燃料颗粒的高辐射和对流热传递提供了足够的能量来蒸发水分，点燃燃料，加热灰烬并氧化剩余的燃料，且不会显著改变床的温度。

第三节　新能源利用技术

化石燃料是满足人类能源需求的主要能量来源，但化石燃料在使用过程中也带来了严重的生态和环境问题。清洁低碳的新能源开发也迫在眉睫。

新能源是指传统能源之外的各种能源形式，如太阳能、核能、风能、地热能、氢能、生物质能等。相对传统能源而言，新能源一般具有以下特征：①尚未大规模开发利用，有的甚至还处于初期开发阶段；②资源赋存条件和物化特征与常规能源有明显区别；③开发利用技术复杂；④清洁环保，可实现 CO_2 等污染物零排放或低排放；⑤资源量大、分布广泛，且大多具有能量密度低的缺点，对新能源的开发利用，打破了以石油、煤炭等化石燃料为主体的传统能源观念，开创了能源利用的新时代。其中，太阳能技术和核能技术是新能源技术的主要标志。

一、太阳能

太阳能（solar energy）是由太阳内部氢原子发生氢氦聚变释放出巨大核能而产生的来自太阳辐射的一种可再生能源。太阳能是可再生能源中最丰富的能源，太阳以 3.8×10^{23} 千瓦的速度发射，其中约 1.8×10^{14} 千瓦被地球截获。太阳能以各种形式到达地球，如热和光。

太阳能具有以下优点：

（1）无限。太阳能起源于太阳，它是地球上无限免费能源的主要来源之一。从理论上讲，太阳能有能力满足世界的能源需求。

（2）环保。太阳能是将来自太阳的能量收集与储存起来，并用以发电。这种方法是不可再生技术的可再生替代品，太阳能的使用大大降低了碳排放的负面影响。

（3）易于使用和获得。太阳能主要使用太阳能电池板收集，太阳能电池板通过使用光伏技术发电，其安装可以在任何地方完成。

（4）用途广泛。太阳能直接或间接地用于许多方面，这些应用不限于工业目的，还适用于日常使用，如农业和工业产品的干燥、太阳能冰箱、热水器、太阳能烹饪等。

虽然太阳能产业发展迅速，可以满足世界的能源需求，但它也存在一些缺点：①太阳能仅在白天可用；②太阳能电池板效率低；③光伏发电需要的空间较大；④初始成本高。

下面介绍目前太阳能的主要利用方式。

（一）光电转换（水上光伏技术）

有效运用光伏效应，使太阳的辐射转变为电能，太阳光照到半导体上，会将太阳光能转变为电能，形成电流。

最近新兴的水上光伏技术是指把太阳能光伏电站建设到水面上，建成渔光一体、水光一体的应用模式，是当前引领光伏行业发展的新思路。根据项目地水深等情况，建设形式分为两种：一般水深小于 3 米时，采用水上桩基架高式光伏，如图 4-15 所示；水深 3 米以上时，采用水上漂浮式安装系统，如图 4-16 所示。国内水上光伏电站以打桩架高式为主，但随着水上漂浮式技术的不断成熟，新材料、新技术、新工艺不断涌现，建设成本不断降低，近年水上漂浮式光伏发电项目成为光伏发电领域的新热点，其装机容量呈现快速增长的趋势。相对于传统陆上光伏技术，水上（海上）光伏技术具有减少土地资源占用，对生态环境影响小，发电效率高、成本低等优势。

图 4-15　水上桩基架高式光伏　　　　图 4-16　水上漂浮式光伏

水上光伏技术优势明显，但也仍需解决一系列问题。

（1）初期投资成本较高。相对于地面电站，水上光伏电站需要更多的材料和设备，如漂浮体、锚固系统、电缆等，同时水上光伏电站的设计、施工、运输等也更加复杂和困难，因此水上光伏电站的投资成本每瓦高出 4%～12%，这限制了水上光伏技术的推广和应用。

（2）运维难度大，成本高。水上光伏系统的运行维护主要依赖人工巡检，而划船巡检难度大、效率低、人员安全风险大，运用智能化运维从而快速精准处理故障的水平有待提高。此外，水上光伏系统也需要考虑水面的波浪、风力、水位等因素的影响，以及水体的腐蚀、生物附着等问题的防治，这些都增加了水上光伏系统的运维难度和成本。

（3）技术标准和规范不完善。水上光伏技术是一种新兴的技术，目前还没有统一的技术标准和规范，不同国家和地区的水上光伏项目的技术要求和评价方法各不相同，这给水上光伏技术的发展和交流带来了障碍。同时，水上光伏技术也涉及水域的管理和使用权，需要与相关的法律法规和政策相协调，这也是水上光伏技术的一个重要的制约因素。

（二）光热转换

光热转换的基本原理是利用太阳能收集装置，将太阳光的能量集中起来，然后通过与物质的相互作用，使物质的温度升高，从而产生热能。太阳能收集装置的种类很多，根据其结构和工作原理的不同，可以分为平板型集热器、真空管集热器、陶瓷太阳能集热器和聚焦集热器四种。这四种集热器各有优缺点，适用于不同的场合和需求。

平板型集热器是最常见的一种太阳能收集装置，它由一个平面的黑色吸热板和一个透明的玻璃盖组成，中间有一层空气或其他介质隔绝热损失。太阳光通过玻璃盖射到吸热板上，被吸热板吸收，转化为热能。吸热板上有一系列的管道，里面流动着水或其他工质，将热能带走，用于供暖、制热水等。平板型集热器的优点是结构简单、成本低、维护方便，缺点是效率不高、受环境影响大、只能达到较低的温度。

真空管集热器是一种改进的平板型集热器，它由一组并联的玻璃真空管组成，每个真空管内有一个金属或陶瓷的吸热芯，外面有一层选择性涂层，能够高效地吸收太阳光，同时减少热辐射损失。真空管内部是真空状态，能够有效地阻止热对流损失。真空管的一端连接一个水箱或热交换器，另一端封闭，形成一个闭合的循环系统。当太阳光照射到真空管上时，吸热芯的温度升高，将热能传递给水或工质，使其沿着管道流动，达到所需的温度。真空管集热器的优点是效率高、受环境影响小、能够达到较高的温度，缺点是结构复杂、成本高、维护困难。

陶瓷太阳能集热器是一种新型的太阳能收集装置，它由一层陶瓷材料覆盖在一个金属或玻璃的基底上，形成一个薄膜。陶瓷材料具有特殊的光学性质，能够高效地吸收太阳光的可见光和近红外光，同时反射掉太阳光的远红外光，从而减少热辐射损失。陶瓷太阳能集热器的工作原理与平板型集热器类似，只是吸热板被陶瓷薄膜代替。陶瓷太阳能集热器的优点是效率高、耐高温、耐腐蚀、寿命长，缺点是制造工艺复杂、成本高、尚处于研究阶段。

聚焦集热器是一种利用反射镜或透镜等光学元件，将太阳光聚集到一个小的焦点上，从而产生高温热能的太阳能收集装置。聚焦集热器的种类很多，根据其形状和结构的不同，可以分为抛物面镜集热器、抛物柱镜集热器、菲涅尔镜集热器、球面镜集热器、透镜集热器等。这些集热器都需要有一个跟踪系统，使其始终对准太阳，以保证高效的聚焦效果。聚焦集热器的优点是能够达到极高的温度，适用于高温利用，缺点是结构复杂、成本高、维护困难、受环境影响大。

（三）光热电转换（太阳能热发电技术）

太阳能热发电技术是指在集热器作用下，太阳辐射能被收集起来转换成高温热能，然后被转换成机械能和电能为人们所用。能量转换过程主要包括将太阳辐射能转换为热能、热能转换为风能、风能再转换为电能。

太阳能热气流发电技术使用的主要部件有集热棚、烟囱、蓄热层、导流锥和涡轮。空气通过集热棚进入系统，通过吸收太阳辐射能，使棚内空气温度升高，密度降低，从而与外界环境间形成压力差，烟囱在此过程中起负压作用，进一步引导棚内空气形成浮升气流，从而驱动位于烟囱底部的涡轮发电机发电。

太阳能热气流发电技术的最大缺点就是系统效率较低，开发难点在于保证光辐射吸收率，以及实现高效热能传输。因此，可以考虑将太阳能热气流发电系统与其他能源利用技术相结合，扩展其形式或与其他应用需求相结合。

（四）光化学转换

光化学电池是利用光照射半导体和电解液界面，发生化学反应，在电解液内形成电流，并使水电离直接产生 H_2 的过程。

目前，对于前两种太阳能利用方式已经有大量的研究，只有光化学转换目前尚处于研究开发阶段。我国太阳能产业规模已位居世界第一，是全球太阳能热水器生产量和使用量最大的国家，也是重要的太阳能光伏开发利用国，太阳能的开发利用技术在我国前景一片光明。

二、核能

核能是通过核反应从原子核释放的能量，符合阿尔伯特·爱因斯坦的质能方程。核能可通过三种核反应释放：①核裂变，较重的原子核分裂释放能量；②核聚变，较轻的原子核聚合在一起释放结核能；③核衰变，原子核自发衰变过程中释放能量。

（一）核裂变反应堆

核裂变是一种利用重原子核分裂释放能量的技术，它是目前我国主要的核能发电方式。核裂变反应堆是一种利用核裂变技术产生电能的装置，它的原理是通过用中子轰击铀或其他人造重原子核，使其分裂成两个或多个氢原子核，并同时释放出大量的能量和更多的中子，从而形成一个连续的链式反应。核裂变反应堆的优点是能够产生大量的电能，而且不会产生 CO_2 等温室气体，有利于减缓全球变暖的问题。核裂变反应堆的缺点是需要处理和储存产生的放射性废物，而且存在核泄漏和核爆炸的风险，对人类和环境造成严重的危害。

核裂变反应堆的核心部件是反应堆芯，它是由一系列的燃料棒组成的，每个燃料棒内部都装有铀或其他裂变材料的小颗粒。反应堆芯的周围是一层反射屏，它的作用是反射逸出的中子，使其重新进入反应堆芯，维持链式反应的稳定。反应堆芯的外围是一层控制棒，它的作用是调节中子的数量，控制反应的速度和强度。反应堆芯的最外层是一层冷却剂，它的作用是带走反应堆芯产生的热量，防止反应堆芯过热和熔化。

目前，我国使用的核裂变反应堆主要有两种类型：一种是压水堆，另一种是快中子堆。压水堆是一种使用普通水作为冷却剂和减速剂的反应堆，它的特点是结构简单，安全性高，但是效率低，而且需要使用高浓缩的铀作为燃料，这增加了核扩散的风险。快中子堆是一种使用液态金属（如钠或铅）作为冷却剂和反射屏的反应堆，它的特点是效率高，而且可以利用铀的更多同位素，甚至可以利用核废物作为燃料，这有利于提高核资源的利用率，但是安全性低，而且液态金属有很强的腐蚀性，容易发生泄漏和火灾。

（二）核聚变反应堆

核聚变是一种利用氢原子核合并释放能量的技术，它是人类梦寐以求的未来能源之一。核聚变反应堆是一种利用核聚变技术产生电能的装置，它的原理是通过高温高压的条件，使两个氢原子核（如氢或氚）碰撞并融合成一个重原子核（如氦），并同时释放出大量的能量和少量的中子，从而形成一个自持的反应过程。核聚变反应堆的优点是能够产生巨大的电能，而且不会产生放射性废物和温室气体，对人类和环境无害。核聚变反应堆的缺点是需要达到极高的温度和压力，而且需要控制和稳定反应的过程，这些都是非常困难和复杂的技术难题。

核聚变反应堆的核心部件是聚变炉，它是由一系列的磁场线圈组成的，它的作用是产生一个强大的磁场，将高温高压的等离子体（即由电离的氢或氚原子组成的气体）囚禁在一个环形的空间中，防止其与炉壁接触，从而实现反应的持续和稳定。聚变炉的周围是一层空气层，它的作用是隔绝炉内的高温高压，保护炉外的设备和人员。聚变炉的外围是一层涡轮机，它的作用是利用反应产生的热量和中子，驱动发电机，转化为电能。

目前，我国正在积极参与和推进核聚变反应堆的研究和开发，主要有两个方面的工作：一是参与国际热核聚变实验堆（ITER）计划，二是自主建设中国实验先进超导托卡马克（EAST）装置。ITER 计划是一个由我国和其他六个国家或经济体（美国、俄罗斯、日本、欧盟、印度和韩国）共同发起和实施的国际合作项目，它的目标是在法国建造一个能够产生5亿瓦的热核聚变实验堆，验证核聚变的可行性和可控性，为未来的商业化核聚变反应堆提供技术基础。EAST装置是我国自主研制的一台先进的超导托卡马克装置，它的目标是在我国建造一个能够产生1亿瓦的核聚变实验堆，探索核聚变的物理和工程问题，为我国的核聚变反应堆的研发和应用提供技术。

实现核聚变的条件是极其苛刻的，目前人类实现的第一代可控核聚变的燃料还只限于氘与氚。氘在自然界中的含量是极其丰富的，海水里的氘占比为0.015％，地球上有海水$1.39×10^9$千米^3，所以氘的总储量为$2×10^{16}$吨。核聚变反应的另外一种元素氚，在自然界中实际上是不存在，但它可以在普通反应堆中通过用中子照射锂而得到，或在将来的热核反应堆中生产出来。目前地球上的锂储量足以保障人类对聚变能源的利用。

三、风能

风能是空气流动所产生的动能。风能在广义上也是太阳能的一部分。据理论计算，太阳辐射到地球的热能中约有2％被转变成风能，全球大气中总的风能约为10^{24}兆瓦，其中蕴藏的可被开发利用的风能约有$3.5×10^9$兆瓦，这比世界上可利用的水能大10倍。

风能的利用主要是通过风能作为动力和风力发电两种方式，其中又以风力发电为主。随着近年技术的发展，风能系统的应用潜力越发凸显。尽管风力涡轮机具有一些不利的环境影响，如噪声，但与化石燃料相比，它仍然更加环保。在风能、太阳能和生物质能等已知能源中，用于发电的风能具有巨大的应用潜力。在所有现有的可再生能源中，风能可以成为最有效的发电能源之一。借助风能发电是满足能源需求的最可行的解决方案之一。但由于风的不稳定性，对风电进行无功补偿是风电系统应用的重要手段之一。

随着风力发电事业的快速发展，可开发的陆地风能资源越来越少。海上风场因风力资源稳定性强，湍流强度小，风能强劲，可减少土地资源的占用，噪声污染小等优势受到多国关注（图4-17）。

海上风力发电系统的结构组成与陆地相似，包括风能捕获、能量转换、能量传输和控制系统等部分。但海上风场还要克服强风载荷、腐蚀和波浪冲击等特殊环境的影响，因此不能直接采用陆地风电技术。在风机设计装配、系统冷却、风场基础建设、并网、系统监测维护等方面，海上风场的技术难度更高，面临挑战更大。

海上风力发电技术是未来风能发展的热点，目前欧洲的海上风电发展领先

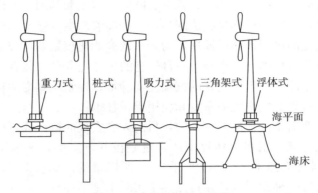

图4-17　风场的基本结构

全球，全球风电设备制造商也纷纷发挥各自优势争相占领海上风电市场。海上风场呈现大型化，并且有向深海海域发展的趋势。随着科技的发展和人类的不断探索，海上风电技术将不断发展和完善，风能利用将在一些关键技术上得到更大的突破，形成更有针对性的设计理论和建设经验，从而更好地开发风能并造福人类。

四、地热能

地热能是一种来自地壳内部的天然热能，以稳定的热力形式存在，是一种可靠的可再生能源，更是一种清洁低碳的能源。开发地热能对缓解我国能源资源压力、实现非化石能源目标、推进能源生产和消费革命、促进生态文明建设具有重要的现实意义和长远的战略意义。

地热资源按储存形式可分为水热型、地压型、干热岩型和岩浆型四大类。地热能开发包括地热发电技术和地热直接利用技术。典型的地热发电技术包括水蒸气朗肯循环、闪蒸循环、有机朗肯循环、卡琳娜循环和全流发电系统。其中，有机朗肯循环和卡琳娜循环并非直接利用地热流体进行发电，而是采用中间介质进行发电，又称为双循环发电系统。

五、氢能

氢能被认为是人类最理想、最长远的能源，是通过燃烧或燃料电池来获得能量。氢能是人类能够从自然界获取的储量最丰富且高效的能源，具有无可比拟的潜在开发价值。

H_2作为替代燃料是合乎逻辑且适当的选择。H_2可以就地生产，减少各国对外部能源供应商的依赖。此外，H_2可以从各种物质中提取出来，如水、油、气、生物燃料、污水污泥等。地球上丰富的水资源保证了生产 H_2 的可持续性。

（一）氢能的优缺点

H_2 的主要优点如下：

（1）生产方便。H_2 可以由碳氢化合物制造，也可由非碳氢化合物制造，如水，其中水可以作为唯一的原料进行生产。

（2）利用灵活。H_2 可以用作化学燃料和许多工业过程中的化学原料，如用于金属矿石的精炼，重油和焦油的升级，还可应用于运输、住宅和商业等领域。

（3）高热值。除核燃料外，氢在所有化石燃料、化学燃料和生物燃料中的热值最高。

（4）运输方便。氢气可降低燃料自重，增加车辆有效载荷，降低运输成本。

（5）环境无害。H_2 利用涉及氧化，唯一直接的主要氢氧化产物是水。当 H_2 在空气中燃烧时，会释放出少量的氮氧化物，但这些氮氧化物可以通过发动机设计来控制排放量。

（6）回收便捷。H_2 作为能量载体是可回收的，因为 H_2 氧化成水，水可以被分离以产生 H_2。

（7）协同作用。氢能系统通常包含许多协同作用。通过使用 H_2 作为能量载体，也可以满足系统的其他需求。

氢具有的不良特性如下：

（1）氢能的生产和储存都需要消耗大量的能源，而且目前的技术还不够成熟和经济，因此氢能的成本还很高，难以与其他能源竞争。

（2）H_2 是一种极易燃爆的气体，如果没有妥善的安全措施，可能会发生泄漏、火灾、爆炸等事故，造成人员伤亡和财产损失，因此氢能的安全性还有待提高。

（3）氢能源的提取本身也来源于其他地方。例如，消耗电能电解水产生，或者从其他气体反应而来。这当中消耗的电能或产生的其他有害气体并不少，综合来看性价比很低。

（二）常用氢技术

常用的一些氢技术包括电解质制氢法、使用燃料电池进行 H_2 再电气化、氢的储存和转换技术等。

1. 电解质制氢法

在电解液溶液中放置两个电极，连接到电源以形成电流。当电极之间施加足够高的电压时，水分解在阴极上产生氢，在阳极上产生氧。加入电解质可提高水的电导率，从而持续形成电流。酸和固体聚合物电解质常用于水电解，并使用不同的离子作为载体：H^+、OH^-、O_2^- 等。不同载流离子在电极上的水电解反应可能不同，但整体反应总是相同的：

$$2H_2O + 电 + 热 \rightarrow 2H_2 + O_2 \qquad (4-1)$$

2. H_2 再电气化

H_2 再电气化指的是用 H_2 发电。H_2 可以通过 H_2 内燃机或涡轮机燃烧发电。然而，由于氢的体积能量密度相对较低，氢内燃机的效率低于汽油内燃机，其热力学效率为 $20\% \sim 25\%$。此外，在燃烧氢时，即使没有释放 CO_2，也会释放氮氧化物，污染环境。与使用内燃机相比，使用燃料电池才能最大限度地提高氢的潜力，因为燃料电池可将氢的化学能直接转化为电能，使其效率达到 $60\% \sim 80\%$，所以燃料电池发电是未来氢能利用的主流技术。根据工作温度和电解质的不同，燃料电池分为中低温条件下工作的质子交换膜燃料电池（proton exchange membrane fuel cell，简称 PEMFC）、碱性燃料电池（alkaline fuel cell，简称 AFC）和磷酸燃料电池（phosphoric acid fuel cell，简称 PAFC），此外还有在高温工况下工作的熔融碳酸盐燃料电池（molten carbonate fuel cell，简称 MCFC）和固体氧化物燃料电池（solid oxide fuel cell，简称 SOFC）。燃料电池工作原理如图 4-18 所示。H_2 在燃料电池阳极上发生电离，并释放电子和 H^+，H^+ 通过电解质到达阴极板，电子通过外部电路到达阴极板后，与 O_2 和 H^+ 重新结合为水。

$$2H_2 + O_2 \rightarrow 2H_2O + 电 + 热 \qquad (4-2)$$

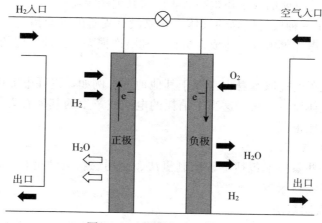

图 4-18　燃料电池工作原理

3. 氢的储存和转换技术

储氢技术的发展是氢动力能源系统的一个基本前提。图 4-19 所示为氢的主要储存方式。传统的储氢技术将 H_2 储存为压缩气体和低温气体或液体，而对于大规模的应用，地下储存更可取。近年，固态储氢方式发展迅速，是最安全的储氢方式之一。

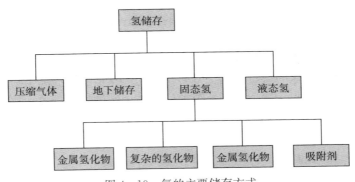

图 4-19　氢的主要储存方式

在氢动力能源系统中，转换器将氢的生产和利用连接起来。例如，应用直流或直流转换器将外部输送电压降至电解器的电源电压水平，并以高电压增益调平燃料电池的直流电压。此外，当电解器和燃料电池连接到电网时，将采用直流或交流整流器和逆变器进行转换。

六、生物质能

生物质能是指蕴藏在生物质中的能量，即通过以生物为载体将太阳能以化学能的形式储存在有机物中的能量，它直接或间接地来源于植物的光合作用，是一种唯一可再生的碳源。生物质一直是人类的主要能源，目前估计占世界能源供应的 $10\%\sim14\%$。

生物质能是人类使用的第一种燃料，在 18 世纪中叶之前一直是全球能源的支柱。近年生物质能被认为是一种碳中性的能源，重新燃起了人们对生物质能的兴趣。目前人类对生物质能源的利用方式主要有直接燃烧法、生化转化法、液化技术、气化技术、生物碳技术。在中国生物质能源的利用方式主要包括直接燃烧法、热化学转化法和生物转化法。

（一）直接燃烧法

直接燃烧法是指将生物质作为固体燃料，直接在燃烧炉中进行燃烧，产生热能或电能。这是一种最简单和最古老的生物质能利用方式，也是目前最广泛使用的方式。直接燃烧法的优点是技术成熟、设备简单、成本低廉、能量转化效率高。直接燃烧法的缺点是燃烧过程中会产生大量的烟尘、CO_2、二氧化硫、氮氧化物等污染物，对环境和人体健康有不利影响。因此，直接燃烧法需要采取一些措施，如改善燃烧条件、增加燃烧效率、安装除尘、脱硫、脱硝等净化设备，以减少污染物的排放。

（二）热化学转化法

热化学转化法是指将生物质在一定的温度、压力和催化剂的作用下，通过热解、气化、液化等化学反应，将其转化为气体、液体或固体的燃料，如沼气、生物柴油、生物油、生物炭等。这些燃料具有高能量密度、易于储存和运输、适用于多种用途的特点。热化学转化法的优点是能够提高生物质的能量利用率、降低运输成本、增加产品的附加值、减少污染物的排放。热化学转化法的缺点是技术复杂、设备昂贵、反应条件苛刻、副产物多、能量消耗大。因此，热化学转化法需要进行不断的研究和改进，以提高转化效率、降低成本、优化产品质量、控制副产物。

（三）生物转化法

生物转化法是指利用微生物、植物或动物的生物活性，通过发酵、酶解、光合作用等生物反应，将生物质转化为有机酸、酒精、CH_4、H_2 等可燃气体或液体，如乙醇、甲醇、乙酸、丙酮等。这些气体或液体可以作为燃料或化工原料，具有清洁、高效、可再生的特点。生物转化法的优点是技术简单、设备低廉、反应温和、能量消耗小、污染物排放少。生物转化法的缺点是转化速度慢、转化效率低、产品纯度低、易受环境因素影响。因此，生物转化法需要选用高效的微生物菌种、优化发酵条件、提高产品分离和纯化技术，以提高生物质的转化率和产品的质量。

虽然生物质能源是全球应用范围最广泛的能源之一，但是生物质能源的利用可能与粮食产生竞争，粮食安全和可能导致的全球贫困问题更难消除，从中可以看出生物质能源的技术开发缺乏长期系统的整体规划以及稳定持续的政策支持等。

七、新能源利用技术的展望

随着世界人口的增长，能源需求的不断扩大，传统能源的消耗和开发已经面临着日益严峻的资源约束和环境压力。同时，能源问题已成为影响国际关系和地缘政治的重要因素。在这样的背景下，新能源的发展和利用显得尤为迫切和必要。新能源不仅可以提供清洁、可再生、高效的能源供给，还可以促进科技创新，增强国家竞争力，改善民生福祉，增进国际合作，维护世界和平。

新能源利用技术是指将新能源转化为可用于生产和生活的能源形式的技术，包括新能源的采集、转换、存储、输送、分布和应用等方面。新能源利用技术的发展水平和应用范围直接决定了新能源的利用效率和效益。新能源利用技术是新能源产业的核心和支撑，也是新能源领域的创新热点和前沿。

展望未来，新能源利用技术将面临巨大的机遇和挑战。机遇来自国家的政策支持，市场的需求拉动，科技的进步推动，社会的认知提升等方面。挑战来自新能源利用技术的成本、效率、稳定性、可靠性、安全性、智能化等方面的不足，以及与传统能源的竞争、协调和融合等方面的问题。因此，新能源利用技术的发展需要坚持以人为本、以市场为导向、以创新为动力、以协作为保障、以可持续为目标的原则，不断提高新能源利用技术的水平，实现新能源利用技术的突破和跨越。

第四节　新型高效低碳清洁发电系统

清洁低碳、安全高效的发电系统是实现碳达峰、碳中和的关键。新型高效低碳清洁发电系统具有清洁低碳、安全充裕、经济高效、供需协同、灵活智能的特征，通过优化能源结构、提高能源消纳、强化电网数字化智能化建设等内在机制推动"增绿减碳"，坚持节能与提效"双轮驱动"，从供给与消费"两端发力"。本章主要介绍水上漂浮式光伏发电系统、混合核能可再生能源系统、风光互补发电系统、沼气发电系统、太阳能热气流发电系统五种发电系统。

一、水上漂浮式光伏发电系统

水上漂浮式光伏发电系统是一种利用水面空间安装太阳能电池板的新型发电方式，它具有节省土地、降低温度、提高效率、减少蒸发、保护水质等优点，适用于各种水域，如海洋、湖泊、河流、水库、鱼塘等，是一种环保、可持续、可再生的清洁能源。

水上漂浮式光伏发电系统的原理与传统的陆地或屋顶光伏发电系统基本相同，都是利用太阳能电池将太阳光转化为直流电，然后通过逆变器将直流电转化为交流电，接入电网或储存起来。不同的是，水上漂浮式光伏发电系统需要使用特殊的漂浮支架，将太阳能电池板固定在水面上，同时要考虑水流、风力、波浪等因素的影响，以保证系统的稳定性和安全性。同时，水上漂浮式光伏发电系统还可以减少水面蒸发量，遮挡住照射到水面的部分阳光，减少藻类的光合作用，抑制藻类繁殖，保护水资源。

浮动太阳能项目安装的最大挑战是系统设计，项目必须适当的设计以保持漂浮并拥有适应各种问题的能力。在浮动太阳能发电厂的安装过程中，需要解决以下问题：

（1）太阳能模块被水包围，系统性能可能会因高含水量而受到影响。

（2）浮动结构的强度可能因腐蚀和不利的环境条件而受到影响。

（3）浮动系统应该能够处理环境因素，如水质、水深变化、温度变化、水流变化、水分蒸发、含氧量、鱼类活动、藻类生长和其他活生物活动等因素。

（4）由于洪水、旋风、海浪和大风的存在，漂浮的漂浮式光伏发电系统可能会遇到快速或不稳定的运动。浮动光伏系统需要能够承受这些自然力。

（5）初始安装成本和维护成本较高。

（6）太阳能电池板的发电成本比其他基于化石燃料的技术在最初几年的成本高出约 10 倍。

（7）漂浮的太阳能发电厂需要方向控制系泊系统，以有效地保持相同的方位角（方向）和水面上的位置。因为太阳能组件的方向变化会降低输出功率。

（8）由于风、波浪和外力，应力和振动问题在浮动太阳能发电厂中更为常见。振动可能导致模块中形成微裂纹，从而减少发电量，并会产生耐用性问题。

水上漂浮式光伏发电系统的主要组成部分包括光伏组件、特殊电缆逆变器及箱式变压器等电气设备、浮筒和锚固系统。

二、混合核能可再生能源系统

根据地理因素、经济因素、期望的产出形式等因素，不同的可再生能源可以耦合形成一个混合核能可再生能源系统。

（一）混合核能太阳能发电系统

如图 4-20 所示，使用核反应堆加热压缩工作流体，并在反应堆装置和空气加压装置的涡轮旋转压缩机中膨胀。热交换器用于从工作流体中提取低品位的热量，并将热量转移到位于空气压缩装置下游侧的防潮设备上。此外，在工作流体进入压缩机之前，中间冷却器的热交换器对工作流体起冷却作用，从而降低压缩机的功率需求。再生热交换器从涡轮机排出的工作流体中提取低品位的热量，在工作流体重新进入反应器之前对其进行预热。

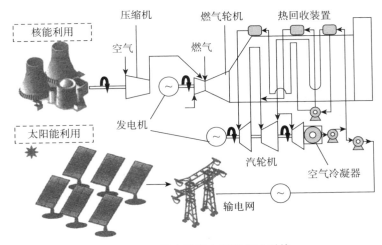

图 4-20 混合核能太阳能发电系统

（二）混合核能地热能发电系统

混合核能地热能发电系统是由发电厂、泵站和核电站组成的地热系统，其结构如图 4-21 所示。泵站将储液罐中的液体通入注入井，通过二次钻孔或开采井吸入基岩或热干岩区。当液体被注入基岩时，基岩温度就会下降。这是由于热量传递到了流体上，核反应堆对温降进行补偿，核反应堆的核心位于热干岩带的钻孔内。

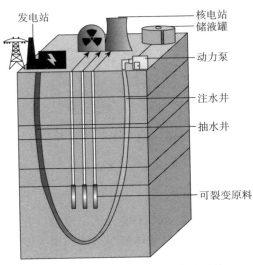

图 4-21 混合核能地热能发电系统

（三）混合能源系统的优点

（1）减少温室气体排放，缓解全球变暖。

（2）提高可再生能源的竞争力，加速绿色清洁能源替代传统化石能源的进程。

（3）通过改造电网基础设施，提供电网规模的能源存储和调度，使间歇性可再生能源具有较高的电网渗透性。

（4）通过智能控制和热管理技术实现先进技术的集成，提高能源转换效率。

（5）可对其他电网进行补充服务，而且供电可靠，经济价值高。

（6）混合动力能源系统能够生产生物燃料、合成燃料或 H_2，可以减少交通运输部门对化石燃料的依赖。

（7）和受公众支持的可再生能源相结合，可以克服公众对开发核能的不安心理。

三、风光互补发电系统

风光互补发电系统是由风力发电和光伏发电组合构成的发电系统。随着这两种发电技术的日渐完善，风光互补发电技术具有十分广阔的发展前景，并已受到许多国家的关注与重视。

该系统主要由风力发电机组、太阳能光伏电池组、控制器、蓄电池、逆变器、直流负载等部分组成。可以划分成四大环节，即发电部分、储能部分、控制部分及逆变部分。风光互补发电系统结构如图 4 - 22 所示。

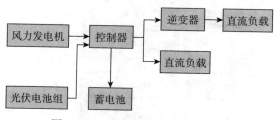

图 4 - 22　风光互补发电系统结构

1. 发电部分

发电部分是指风力发电机组和太阳能光伏电池组，它们是风光互补发电系统的能源来源，负责将风能和太阳能转换为电能。风力发电机组由风轮、发电机、变速器、塔架等组成，根据风速的变化，调节风轮的转速，驱动发电机发电。太阳能光伏电池组由多个光伏电池串联或并联组成，根据太阳辐射的强度，将太阳能转换为直流电。

2. 储能部分

储能部分是指蓄电池，它是风光互补发电系统的能量储存器，负责平衡发电部分和负载部分之间的能量差异，提高系统的可靠性和稳定性。蓄电池可以在风能和太阳能充足时，储存多余的电能，以备风能和太阳能不足时，向负载供电。蓄电池的容量和类型应根据系统的需求和条件选择，常用的包括铅酸蓄电池、镍镉蓄电池、锂离子蓄电池等。

3. 控制部分

控制部分是指控制器，它是风光互补发电系统的核心部件，负责对发电部分、储能部分进行协调和控制，实现系统的最优运行。控制器可以根据风速、太阳辐射、蓄电池电压、负载功率等参数，自动调节风力发电机组和太阳能光伏电池组的输出电压和电流，使之与蓄电池的充放电状态相匹配，同时保护蓄电池免受过充或过放的损害，还可以根据负载的需求，向负载提供恒定的电压和电流。

4. 逆变部分

逆变部分是指逆变器，它是风光互补发电系统的输出部件，负责将直流电转换为交流电，为交流负载提供电能。逆变器的类型和性能应根据负载的特性和要求选择，常用的有正弦波逆变器、方波逆变器、修正波逆变器等。逆变器的输出电压和频率应与负载的电压和频率相同，或者可以通过变压器或调频器进行调节。

风光互补发电系统是一种高效、环保、经济的可再生能源利用方式，它可以广泛应用于偏远地区、岛屿、边境哨所、通信基站、农村、旅游景区等没有电网覆盖或电网不稳定的地方，为人们提供清洁的电能，提高生活质量，促进社会发展。

四、沼气发电系统

沼气发电是一种利用沼气中的 CH_4 作为燃料，通过内燃机、燃气轮机、燃料电池等设备将其转化为电能的技术。沼气是一种可再生能源，主要来源于有机废弃物的厌氧发酵，如畜禽粪便、农作物秸秆、城市生活垃圾、污水处理厂的污泥等。沼气发电具有以下优点：

（一）清洁低碳

沼气发电不仅有效地解决了农业废弃物资源浪费及环境污染问题，还通过加工转化变废为宝，实现清洁生产和农业资源的循环利用，有利于缓解全球变暖的问题。同时，沼气发电也可以减少大气污染物的排放，如二氧化硫、氮氧化物、颗粒物等，有利于提高空气质量。

（二）资源综合利用

沼气发电可以有效地利用农村和城市的有机废弃物，减少其对环境的危害，同时也可以节约土地资源。沼气发酵后的残渣还可以作为有机肥料，提高农业生产的效率和质量。

（三）经济效益

沼气发电可以为用户提供稳定的电力供应，降低能源成本，增加收入。沼气发电还可以带动相关产业的发展，如沼气设备制造、安装、维护等，创造就业机会，促进社会经济的发展。

沼气发电虽然有很多优点，但也存在一些问题和挑战，如沼气的收集、储存、输送、利用等方面的技术难题，沼气发电的成本、效率、可靠性等方面的经济问题，沼气发电的政策、法规、标准、监管等方面的制度问题等。因此，要推广和发展沼气发电，需要多方面的合作和支持，如政府、企业、科研机构、社会组织等，共同努力，克服困难，创造条件，实现沼气发电的可持续发展。典型沼气内燃机发电系统如图4-23所示。

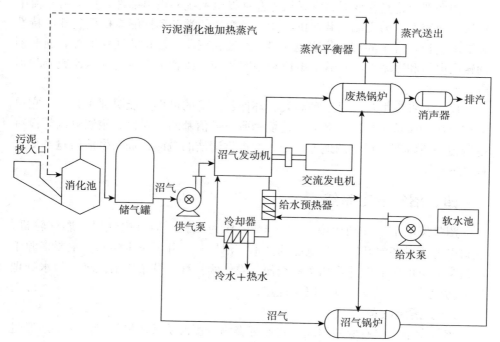

图4-23 典型沼气内燃机发电系统

五、太阳能热气流发电系统

近年，随着太阳能利用率的增加，人们对发展太阳能热气流发电技术（SCPP）产生了浓厚兴趣。

（一）工作原理

太阳能热气流发电的基本原理如图 4-24 所示，其主要组成部件有集热棚、涡轮机、烟囱和蓄热层。集热棚用金属支架支撑，在其上铺盖玻璃、薄膜等透明或半透明材料，形成一个巨大的太阳能收集器。在集热棚下铺设土壤、砂、石等材料，形成蓄热层，克服太阳辐射周期性和间断性的弱点，实现系统发电的连续性和稳定性。

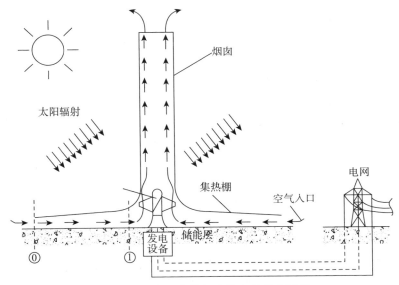

图 4-24　太阳能热气流发电的基本原理

太阳能通过透明的集热棚材料照射进系统，加热蓄热介质。蓄热介质温度上升，储存能量，并将热量传递给集热棚内部的空气。在这个过程中，空气吸热后温度升高，密度变小，形成压力差异。集热棚中心的烟囱像负压管一样，增强了内外压力差，产生强烈的上升气流。气流经过烟囱时，高速流动的空气驱动烟囱底部的轴流式涡轮机运转，将气流的动能和势能转化为机械能。通过将涡轮机与发电机连接，可以实现太阳能向电能的转换。

（二）系统优点

（1）技术简单。太阳能烟囱发电厂的设计很简单，只有集热棚、涡轮机、烟囱和蓄热层四个基本部件，因此维护和维修成本较低，并且这种简单而坚固的结构确保了系统的平稳运行。

（2）寿命长。建筑的主要部件烟囱，可以由钢筋混凝土制成，使用寿命长。

（3）操作和维护问题较少。除安全问题外，与其他工厂相比，没有任何功能问题。因为收集器创造了一个温度控制的环境，集热棚下面的区域可以用于温室用途。

（4）没有冷却要求。SCPP 系统与其他传统发电系统相比不需要冷却机制。对于太阳辐射充足的区域，这是一个潜在的优势。

（5）高效地储能和发电。高烟囱结构所提供的自然压差使得即使没有太阳也能发电。直接的和漫射的太阳辐射均能被集热棚吸收用来进行能量转换；（半）透明集热棚下的地面蓄热层是存储辐射能的一种自然手段。

（6）材料低廉且容易获得。太阳能热气流发电系统的主要建筑材料是混凝土、钢、玻璃和其他透明材料，在任何地区都很容易获得。

（7）清洁低碳。

（8）该技术为分布式发电，安全性高，电损耗低。

（三）系统缺点

（1）安装面积大，建造难度大。SCPP 的效率主要由收集器的面积大小和塔的高度决定。Mullett 通过建立模型预测表明，系统总效率与太阳能热气流发电系统的规模密切相关，规模越大，系统总效率越大。这意味着为了增加收集器的面积，需要巨大的装置尺寸。

（2）初期投资大。SCPP 需要大量的初始投资，单位能源生产成本为 0.62 美元/千瓦时。

（3）受太阳辐射强度影响较大。SCPP 安装在太阳辐射能小的地区时效率较低。SCPP 的关键设计参数为集热器面积、高度、直径、坡度、烟囱高度、汽轮机压降等，这些参数的设置对系统的性能起着重要的作用。

（四）前景及展望

在未来的研究中，需要对 SCPP 系统进行更进一步的优化设计。靠近集热棚入口的部分，可以用薄膜光伏电池代替，如隔热太阳能玻璃（HISG）或耐热光伏玻璃。这样，将传统的集热棚部分重新设计为二次电源，提高了系统的整体效率。此外，由于集热器材料的热阻特性较差，因此来自集热棚区域的热损失显著。为了能够保护集热棚下面的温室效应，并以最大限度利用系统空气的热能，密封玻璃可以考虑采用气凝胶玻璃，特别是小型发电厂。在这种情况下，即使在低太阳辐射条件下，也能得到较好的速度和功率输出数据。

第五章
建筑碳中和技术

建筑碳中和技术有助于减缓全球变暖、提高能源效率、促进绿色创新、改善人居环境，是应对气候变化和实现可持续发展的重要举措，也是建筑行业的历史使命和发展方向。

第一节　建筑碳中和及材料

本节简要介绍建筑碳中和原理和建筑碳中和材料，为之后的研究做好理论铺垫。

一、建筑碳中和概述

（一）建筑碳中和方向

建筑部门是能源消费的三大领域（工业、交通、建筑）之一，也是造成直接和间接碳排放的主要责任领域之一。中国建筑部门实现碳中和意味着建筑部门相关活动导致的 CO_2 排放量和同样影响气候变化的其他温室气体的排放量都为零。建筑部门的碳排放可以分为三类：运行直接碳排放、运行间接碳排放、隐含碳排放。建筑碳排放核算范围如图 5-1 所示。

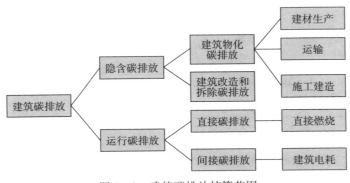

图 5-1　建筑碳排放核算范围

直接碳排放源自建筑中直接使用化石能源，如煤、油和天然气的燃烧，常见于锅炉、炉灶和燃气热水器等。间接碳排放则涉及从外部获得的电力和热能，包括热电联产和区域供热锅炉的碳排放。隐含碳排放则发生在建筑材料的开采、生产、运输过程中，以及建筑施工、装修、改造和最终拆除的整个过程。

建筑的碳排放寿命周期与其使用寿命紧密相关。根据《民用建筑设计统一标准》（GB 50352—2019），建筑和构筑物的设计使用寿命通常为 50 年，但中国大多数建筑的实际寿命仅为 30 年。建筑寿命的缩短导致隐含碳排放占比较高。随着建筑寿命的延长，尽管运营能源需求会增加，但技术进步和能源结构的转变有望抵消这些增加的需求，甚至可能降低总体碳排放。表 5-1 列举了不同用能分类下城市建筑碳排放强度。

表 5-1　不同用能分类下城市建筑碳排放强度

排放强度	城镇住宅（除北方供暖）	城镇住宅（北方供暖）	公共建筑（除北方供暖）	公共建筑（北方供暖）
年运行碳排放强度（千克/米^2）	17.4	54.7	49.7	87.0
隐含碳排放强度（千克/米^2）	640	640	640	640
年化隐含碳排放强度［千克/（米^2·年）］	21.3/12.8	21.3/12.8	21.3/12.8	21.3/12.8
30 年寿命周期年化碳排放强度［千克/（米^2·年）］	38.7	76.0	71.0	108.3
50 年寿命周期年化碳排放强度［千克/（米^2·年）］	30.2	67.4	62.6	99.8
30 年寿命递增周期年化碳排放强度［千克/（米^2·年）］	41.7	84.7	79.0	73.4
50 年寿命递增周期年化碳排放强度［千克/（米^2·年）］	35.2	83.4	76.8	125.0

（二）建筑碳中和技术

城市建筑碳中和的五项基本措施，包括超低能耗建筑降低碳负荷、建筑电气化提高能效、现场可再生能源利用、为高渗透率可变可再生能源提供弹性以及空气中碳捕集和碳利用（图 5-2）。

图 5-2　实现城市建筑运行碳中和的五项措施金字塔

1. 超低能耗建筑降低碳负荷

超低能耗建筑是指在满足建筑功能和舒适性的前提下，通过优化建筑设计、采用高效的节能材料和设备、利用自然能源等手段，使建筑的能耗达到最低的建筑。超低能耗建筑可以显著降低建筑的碳负荷，即建筑在运行过程中所产生的温室气体排放量。超低能耗建筑的目标是实现建筑的能源自给自足，甚至能够向外部输送多余的能源，从而实现建筑的正能量。

2. 建筑电气化提高能效

建筑电气化是指在建筑中，将传统的燃气、煤炭等化石能源所提供的热力、照明、动力等用电替代，从而提高建筑的能效和环境友好性的过程。建筑电气化可以减少建筑对化石能源的依赖，降低建筑的碳排放，同时提高建筑的能源利用率和可控性。建筑电气化的关键是采用高效的电气设备，如热泵、LED灯、电动汽车等，以及优化的电气系统，如智能电网、储能设备、需求响应等。

3. 现场可再生能源

现场可再生能源是指在建筑的现场或附近，利用太阳能、风能、地热能、生物质能等可再生能源，为建筑提供清洁的能源的方式。现场可再生能源可以减少建筑对外部能源的需求，降低建筑的能源成本，同时增加建筑的能源安全性和可靠性。现场可再生能源的难点是如何克服可再生能源的间歇性和不稳定性，以及如何与建筑的能源需求和电气系统相匹配。

4. 为高渗透率可变可再生能源提供弹性

高渗透率可变可再生能源是指在电力系统中，可再生能源的占比超过一定的阈值，且可再生能源的输出随时间和空间变化的情况。高渗透率可变可再生能源可以大幅减少电力系统的碳排放，但也会给电力系统带来挑战，如电网稳定性、电力质量、电力市场等。为了应对这些挑战，建筑可以为高渗透率可变可再生能源提供弹性，即建筑能够根据电力系统的实时状况，灵活地调整自身的能源消耗和产生，从而帮助平衡电力系统的供需。建筑提供弹性的方式包括储能、需求响应、虚拟电力厂等。

5. 空气中碳捕集、利用和封存（CCUS）

CCUS 是指从燃烧烟气和大气中去除 CO_2 的方法和技术，并将捕获的 CO_2 回收利用，余下的 CO_2 被安全和永久地储存。IEA 指出，CCUS 是唯一能直接减少关键部门 CO_2 的排放及消除 CO_2 以平衡无法避免的碳排放的技术，这是实现"净"零目标的关键。具体措施包括（但不限于）以下几项：

（1）CO_2 驱油。指将 CO_2 注入油田，从而提高原油采收率的一项技术，也是目前唯一能同时实现规模化碳利用、碳封存和碳减排的关键技术。

（2）CO_2 加氢制甲醇（CH_3OH）。本质是将能量存储在燃料甲醇中，使能量便于储存、运输和利用。对于甲醇燃烧产生的 CO_2，可以通过直接空气碳捕集和生物质碳捕集进行回收；另外，还可以在运输工具上安装碳捕集装置，将甲醇燃烧后的 CO_2 直接捕集，再与 H_2、可再生能源重新生产甲醇，实现燃料中碳元素的闭环。

（3）CO_2 地面资源化矿化利用。主要包括与钢渣、磷石膏、钾长石等物质反应，生成碳酸盐类矿物。钢渣生产为钢铁企业带来的难处理固体废渣，富含 CaO，能够与 CO_2 反应生成碳酸钙；产品碳酸钙可代替部分石灰石用于水泥生产。

（4）CO_2 养殖微藻。通过高效地利用光能、CO_2 和 H_2O 进行光合作用，合成储存能量的碳水化合物，通过进一步生化反应，合成蛋白质、油脂等多种营养物质。

（5）CO_2 气肥。温室大棚内经常处于封闭状态，导致棚内的 CO_2 得不到及时的补充，无法满足作物生长发育过程中对 CO_2 的需求。因此，适时地补充大棚内的 CO_2 能够提升作物生长效率。

二、建筑碳中和材料

（一）低碳水泥材料

1. 低碳水泥技术的意义

水泥是国民经济重要的基础原材料，中国水泥总产能占世界总产能的 54%。2020 年，全国累计水泥产量 23.77 亿吨，《中国建筑材料工业碳排放报告》（2020 年度）显示，中国建筑材料工业 CO_2 排放量为 14.8 亿吨，水泥工业 CO_2 排放量为 12.3 亿吨。水泥生产过程碳排放的主要影响因素如图 5-3 所示。

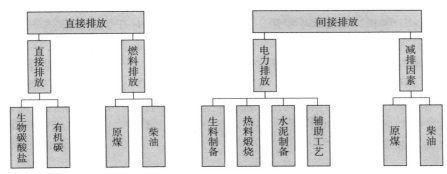

图 5-3　水泥生产过程碳排放的主要影响因素

水泥的碳排放在中国建筑材料工业碳排放总量中占有很大比例，2020 年高达 83%。由于水泥生产的规模较大及其生产过程能耗较高，水泥工业被认为是 CO_2 排放的主要来源之一，属于难减行业，每生产 1 吨水泥熟料可释放高达 0.885 3 吨的 CO_2。全球水泥产量分布如表 5-2 所示，中国占全球水泥产量的一半以上。因此，为实现碳达峰、碳中和目标，控制水泥生产过程中的碳排放尤为重要。

表 5-2　2020 年全球水泥产量各国占比

国家	水泥产量占比（%）	国家	水泥产量占比（%）
中国	53.84	俄罗斯	1.40
印度	7.83	巴西	1.36
越南	2.33	韩国	1.35
美国	2.18	日本	1.32
埃及	1.86	沙特阿拉伯	1.31
印度尼西亚	1.81	土耳其	1.25
伊朗	1.47	其他	20.69

2. 能效提升技术

烧成系统是水泥生产的"心脏"，创新发展低能耗烧成系统。该系统的技术创新往往能使水泥工业的节能减排技术水平发生质的飞跃。

近年，新型干法水泥窑生产工艺系统不断优化且使用高效节能技术，提升了水泥工业能效水平。1990 年熟料烧成热耗全球加权平均值为 3 605 千焦/千克熟料，2006 年为 3 382 千焦/千克熟料，相较 1990 年烧成热耗降低了 223 千焦/千克熟料（约 6%）。目前，水泥窑生产规模已达 14 000 吨/天，预计 2030—2050 年熟料烧成热耗会有小幅下降，约减排 5%。

对于中国水泥工业来说，余热发电技术应用最为广泛，80% 的水泥窑均采用该技术，装机容量 4 950 兆瓦，每年回收电量 350 亿千瓦时，相当于节省标煤 1 050 万吨，CO_2 减排 2 625 万吨。余热发电不但抵消了水泥工业 CO_2 间接排放总量的 1/3，而且回收电量和光电、水电、风电时均没有 CO_2 排放。

3. 熟料替代技术

熟料替代技术是目前公认的水泥行业减排最直接、最有效的方法。熟料和水泥碳排放所占比例如图 5-4 所示，水泥生产中熟料产生的碳排放约占 96%，是碳减排的重点。

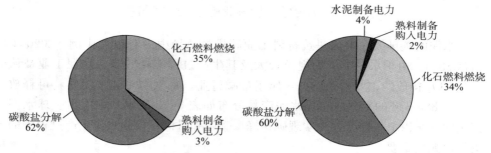

图 5-4　熟料碳排放（左）、水泥碳排放（右）占比示意

熟料是水泥的主要成分，也是水泥生产过程中产生 CO_2 最多的环节。熟料是由石灰石、黏土和其他原料在高温下煅烧而成的一种固体物质，其化学反应会释放大量的 CO_2。因此，减少熟料的用量，用其他低碳或无碳的材料替代，是一种有效的低碳水泥材料的技术。

IEA 和国际水泥可持续发展倡议组织（CSI）制定的《2050 年世界水泥工业可持续发展技术路线图》，提出了水泥发展最重要的方向，由生产普通波特兰水泥转向生产混合水泥，用混合材替代部分熟料，其重点是研究采用具有水硬性或胶凝性潜质的各种工业废料、生产混合水泥。吴中伟院士曾提出我国水泥工业发展的目标，用 50% 的混合材替代熟料，既能满足建设与改善混凝土耐久性的需要，又能降低 CO_2 的排放[①]。多组分与用混合材替代部分熟料、减

---

① 吴中伟、陶有生：《中国水泥与混凝土工业的现状与问题》，《硅酸盐学报》，1999 年第 6 期，第 734-738 页。

少熟料用量是水泥混凝土工业发展趋势，也是实现水泥工业低碳绿色发展和提高建筑物寿命的根本途径。

4. 原燃料或材料替代技术

原燃料或材料替代技术是指用其他低碳或无碳的原料或燃料替代传统的石灰石、黏土或煤等，从而降低水泥生产过程中的碳排放。这些替代原料或燃料可以分为两类：生物质和工业废料。

生物质是指由植物或动物产生的有机物质，如木屑、稻壳、秸秆、动物粪便等。这些物质可以作为水泥生产过程中的燃料，或者与石灰石混合作为原料，从而减少对化石燃料的依赖，降低碳排放。生物质的优点是可再生、可持续、成本低、可用性高，但缺点是热值低、水分高、质量不稳定，且需要进行预处理和储存。

工业废料是指由其他工业生产过程中产生的废弃物质，如废轮胎、废塑料、废油等。这些物质可以作为水泥生产过程中的燃料，或者与石灰石混合作为原料，从而实现资源的循环利用，降低碳排放。工业废料的优点是热值高、水分低、质量稳定，但缺点是成本高、可用性低、技术复杂，且可能产生有害的气体或固体排放。

5. 碳捕获、利用与封存技术

碳捕获、利用与封存技术是指在水泥生产过程中，将产生的 CO_2 从烟气中分离出来，然后进行利用或封存，从而减少对大气的排放。这种技术可以分为三类：前置捕获、后置捕获和氧燃捕获。

前置捕获是指在煅烧前，将原料中的碳酸钙分解为氧化钙和 CO_2，然后将 CO_2 进行利用或封存，而氧化钙则用于煅烧。这种技术的优点是能捕获原料中的大部分 CO_2，但缺点是需要高温、高压和高纯度的 H_2 作为还原剂，且技术尚不成熟。

后置捕获是指在煅烧后，将烟气中的 CO_2 通过吸收、吸附、膜分离等方法分离出来，然后进行利用或封存，而其他气体则排放到大气。这种技术的优点是技术成熟、适用范围广，但缺点是能耗高、成本高、效率低，且需要大量的水和化学品。

氧燃捕获是指在煅烧过程中，用纯氧代替空气作为氧化剂，从而产生富含 CO_2 的烟气，然后进行利用或封存，而其他气体则循环利用。这种技术的优点是能捕获烟气中的大部分 CO_2，且能耗低、效率高，但缺点是需要高纯度的 O_2，且技术尚不成熟。

6. 低碳水泥新产品

（1）复合胶凝材料。复合胶凝材料是指在水泥中掺入一定比例的其他材料，如粉煤灰、矿渣、硅灰等，以降低水泥的用量和减少 CO_2 的排放。复合胶凝材料不仅可以利用工业废弃物，减少环境污染，还可以提高水泥的强度和耐久性，降低水泥的成本。复合胶凝材料已经在许多国家和地区得到广泛的应用，如欧洲、美国、日本等。复合胶凝材料的主要挑战是控制掺和比例和质量，以及保证供应的稳定性和一致性。

（2）化学激发胶凝材料。化学激发胶凝材料是指利用化学反应来激发水泥的凝结和硬化，而不是依赖于水的水化作用。化学激发胶凝材料可以减少水的用量，从而降低水泥的碳足迹和水资源的消耗。化学激发胶凝材料的优点是可以在低温和干燥的条件下使用，适合极端环境的建筑，还可以提高水泥的强度和抗裂性。化学激发胶凝材料的主要挑战是选择合适的激发剂和控制反应的速度和程度，以及保证水泥的稳定性和安全性。

（3）低温煅烧水泥。低温煅烧水泥是指在低于常规水泥的温度下（约900摄氏度）煅烧水泥的原料，以减少燃料的消耗和 CO_2 的排放。低温煅烧水泥的优点是可以节约能源，降低成本，还可以减少水泥的碱度和氯化物含量，提高水泥的耐久性和抗腐蚀性。低温煅烧水泥的主要挑战是保证水泥的活性和强度，以及适应不同的原料和设备。

（4）镁质胶凝材料。镁质胶凝材料是指以镁氧化物为主要成分的水泥，它可以通过碳酸化的方式来硬化，从而吸收 CO_2，实现负碳排放。镁质胶凝材料的优点是可以利用低品位的镁矿和工业废渣，降低对资源的依赖，还可以提高水泥的强度和抗火性。镁质胶凝材料的主要挑战是提高水泥的稳定性和耐久性，以及降低水泥的碱度和收缩性。

（5）碳化胶凝材料。碳化胶凝材料是指富含钙、镁等碱金属氧化物、氢氧化物及硅酸盐矿物的熟料（如 γ-C_2S）或工业废弃物（如钢渣粉）经粉磨后，通过与 CO_2 气体发生反应并能将其他物料胶结为整体且具有一定机械强度的物质。碳化制品是指将碳化胶凝材料、骨料和水拌和均匀后通过压制成型或浇筑成型，并与一定浓度的 CO_2 反应，快速形成以碳酸钙为主的胶凝材料。从热力学上来讲，钙、镁等碱金属氧化物、氢氧化物以及硅酸盐矿物与 CO_2 能自发反应，生成相应的碳酸盐并释放大量的热量：

$$CaO \cdot SiO_2 + HCO_3^- + H_2O \rightarrow CaCO_3 + H_4SiO_4 + OH^-$$
$$（\Delta G = -147.75 \text{ 焦耳/摩尔}） \tag{5-1}$$

$$CaO \cdot SiO_2 + HCO_3^- + H_2O \rightarrow CaCO_3 + H_4SiO_4 + OH^-$$
$$（\Delta G = -35.14 \text{ 焦耳/摩尔}） \tag{5-2}$$

式5-1和式5-2所示的这种反应通常称为碳化反应（carbonation）。碳化制品的强度发展机制为气固碳化反应，因此对制备环境具有优异的耐受度，同时主要反应产物碳酸钙与自然界中的一些天然材料类似，在深海、深地和极地等高温高压、高温极寒等极端环境下能稳定构筑与长久服役。

碳化胶凝材料的起源可以追溯到 20 世纪 70 年代。R. L. Berger 等首先发现碳化可以促进硅酸钙矿物的水化反应，继而又发现即使水化活性极低的硅酸钙矿物（如 CS、γ-C_2S 等）也具有较高碳化活性，对其进行碳化处理，发现可以在极短的时间内获得较高的强度。这一系列研究说明水泥中几乎所有的碱性硅酸钙矿物均具有碳化活性，为建筑材料的发展打开了新的大门。由于全球工业化加速，CO_2 排放量急剧增加，温室效应导致的气候异常已经迫使人们不得不正视碳排放问题，各种低碳减排的工艺方式开始被论证，自此对于硅酸钙等矿物的加速碳酸化基础和应用研究开始逐渐成为研究热点。

从目前的资料报道来看，硅酸钙碳酸化胶结材料仍然停留在研发和小范围试验的阶段，报道较多的是由美国的 Solidia 公司开发的硅酸钙碳酸化胶结材料 Solidia Cement™。Solidia Cement 以 CS 和 C_3S_2 矿物为主要成分，熟料烧成温度可以低至 1 200 摄氏度，其产品目前仅限于预制混凝土制品，商业试用已经在小规模地进行中。中国在碳化胶凝的研究上仍处于科研院所的实验室研发以及小规模的低品质碳化制品的应用阶段。武汉理工大学、大连理工大学、湖南大学、河南理工大学、盐城工学院等高校先后开展了包括单相硅酸钙矿物的碳化、混凝土制品的碳化增强后处理、钢渣等固体废弃物的碳化资源化处置及碳化胶凝材料的设计与性能增强等研究。大连理工大学的常钧和河南理工大学的管学茂等通过碳化反应对钢渣、赤泥等工业废弃物进行处置并制备了钢渣砖等碳化制品。武汉理工大学的王发洲等对硅酸钙矿物的碳化反应机理与性能提升机制开展了系统研究，提出了 γ-C_2S 的碳化反应机理概念模型，并采用离子掺杂、有机物改性、微生物晶核诱导调控等手段进一步提升了碳化制品的力学性能，基于此提出 Engi-neered Lime Stone（ELS）的人工岩石工程材料的概念，首次制备出抗压强度高达 150 兆帕的超高强碳化制品。

上述技术虽然为水泥工业发展低碳经济作出了显著贡献，但在世界各国的发展和应用极不平衡。图 5 - 5 为近年中国水泥中熟料平均含量，可以发现 2013 年以来水泥熟料系数稳步提升，并有专家预测该系数甚至会达到 70%。《2050 年世界水泥工业可持续发展技术路线图》中推荐降低熟料系数，少用熟料，多生产使用 32.5 级水泥，对中国并不适用。

我国是世界上最大的水泥生产和消费国，水泥工业的发展水平和质量直接影响着国家的经济社会发展和生态环境保护。

我国水泥工业经历了从小到大、从分散到集中、从落后到先进的历史变革，特别是改革开放以来，水泥工业实现了跨越式的发展，为国家的经济建设

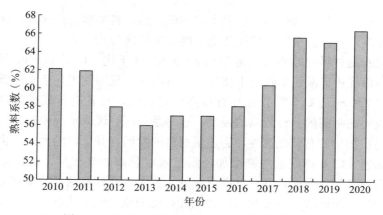

图 5-5   2010—2020 年中国水泥中熟料平均含量

和社会进步做出了巨大的贡献。根据国家统计局的数据，我国水泥产量从 1978 年的 6.54 亿吨增长到 2022 年的 24.1 亿吨，占全球水泥总产量的近 60%。我国水泥工业的经济运行质量也明显提高，水泥企业的规模效益和市场竞争力不断增强，水泥行业的利润总额从 1978 年的 5.4 亿元增长到 2022 年的 1 040 亿元，增长了近 200 倍。我国水泥工业的快速发展，离不开科技进步的推动和结构调整的优化。我国水泥工业在技术创新、工艺改造、节能减排、资源综合利用等方面取得了显著的成果，特别是新型干法水泥工艺技术与装备的开发，为水泥工业的转型升级和绿色发展提供了强有力的支撑。

在我国第二代新型干法水泥工业发展目标中，强调了加速向绿色功能产业的转变。这涉及打造一个高效节能减排、协同处置废弃物、高效防治污染的水泥工业，同时融入低碳技术。这样的水泥工业不仅为国民经济建设提供高质量的基础原材料，而且在推动社会层面的循环经济发展中扮演着重要角色。

当前，我国水泥工业在碳捕集技术方面主要采用燃烧后捕集的方法。这种方法彰显了水泥工业低碳转型中的重要性，预计将占据 1/3 以上的份额，并发挥显著的减排作用。这不仅有助于实现水泥行业的低碳发展，也对全国乃至全球的环境保护和气候变化应对作出了贡献。中国在 2035 年前后基本赶上欧美的水平是可以实现的。

（二）节能玻璃与卫生陶瓷

1. 节能玻璃

节能玻璃是一种能够有效控制太阳光和室内热量传递的玻璃，从而达到节约能源和改善室内环境的目的的玻璃。节能玻璃的主要功能是降低夏季的太阳辐射热量，减少空调的负荷和耗电量，以及提高冬季的室内保温效果，减少取暖的能耗和碳排放。节能玻璃的种类很多，主要包括中空玻璃、镀膜玻璃、低辐射玻璃、太阳能控制玻璃、智能玻璃等。

节能玻璃的应用范围很广，主要用于建筑、交通、电子、光伏等领域。节能玻璃不仅能够提高建筑物的美观性和舒适度，还能够提高建筑物的节能性能和安全性能，增加建筑物的使用寿命和价值。节能玻璃也能够改善交通工具的视野和驾驶安全，降低交通工具的能耗和噪声，提高交通工具的舒适度和环保性。节能玻璃还能够提高电子产品的显示效果和防护效果，降低电子产品的功耗和散热，提高电子产品的性能和寿命。节能玻璃还能够提高光伏发电的效率和稳定性，降低光伏发电的成本和污染，提高光伏发电的可靠性和可持续性。

节能玻璃的发展前景很广阔，随着人们对节能和环保的意识的提高，节能玻璃的需求和市场将不断增长。节能玻璃的技术和性能也将不断改进和创新，以满足不同的应用和需求。节能玻璃的标准和规范也将不断完善和统一，以保证节能玻璃的质量和效果。节能玻璃的推广和普及也将不断加强和扩大，以促进节能玻璃的社会效益和经济效益。节能玻璃是一种具有高附加值和高社会价值的新型材料，是节能和环保的重要载体和手段，是未来的发展趋势和方向。

2. 节能玻璃分类

（1）贴膜普通玻璃。贴膜普通玻璃是在普通玻璃的表面贴上一层或多层具有特殊功能的薄膜，如反射膜、隔热膜、防紫外线膜等，从而改变玻璃的光学性能和热工性能。贴膜普通玻璃的优点是成本低、施工方便、可根据需要选择不同的膜种和颜色。贴膜普通玻璃的缺点是膜层容易老化、脱落、划伤，影响玻璃的美观和透光性（图 5-6）。

图 5-6　贴膜普通玻璃

（2）吸热玻璃。吸热玻璃是在玻璃的熔融过程中加入一定量的金属氧化物，如铁、钴、镍、铬等，使玻璃呈现不同的颜色，如青、绿、蓝、棕等，从而增加玻璃对太阳辐射的吸收能力。吸热玻璃的优点是能够减少夏季的太阳热量进入室内，降低空调负荷，同时保持较高的可见光透射率，提高室内的采光效果。吸热玻璃的缺点是会增加冬季的室内热量损失，降低采暖效率，同时会导致玻璃表面温度升高，增加玻璃的热应力和破裂风险，如图 5-7 所示。

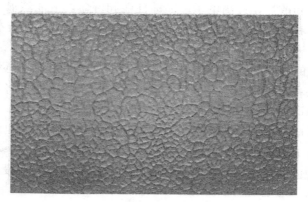

图 5-7　吸热玻璃

（3）中空玻璃。中空玻璃是由两层或多层玻璃之间密封形成的空气层或惰性气体层组成的玻璃，空气层或惰性气体层的厚度一般为 6～12 毫米，空气层或惰性气体层的边缘一般用铝条或不锈钢条封闭，以防止水汽和空气的渗入和泄漏。中空玻璃的优点是能够有效降低玻璃的热传导系数，从而减少夏季的太阳热量进入室内和冬季的室内热量流失，同时也能减少噪声的传播，提高室内的舒适度。中空玻璃的缺点是成本高、重量大、施工难度大，同时也需要定期检查和维护，以防止玻璃的雾化和变形，如图 5-8 所示。

（4）真空玻璃。真空玻璃是由两层玻璃之间抽出空气形成的真空层组成的玻璃，真空层的厚度一般为 0.1～0.3 毫米，真空层的边缘一般用玻璃焊接或金属焊接封闭，以保持真空状态。真空玻璃的优点是能够极大地降低玻璃的热传导系数，从而达到最佳的节能效果，同时也能有效阻隔噪声的传播，

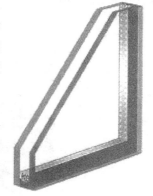

图 5-8　中空玻璃

提高室内的舒适度和安静度。真空玻璃的缺点是成本高、技术难度大、寿命短，同时也需要特殊的安装和保护，以防止玻璃的破裂和泄漏（图5-9）。真空玻璃和中空玻璃在结构和制作上完全不相同，中空玻璃只是简单地把两片玻璃黏合在一起，中间夹有空气层，而真空玻璃是在两片玻璃中间夹入胶片支撑，在高温真空环境下使两片玻璃完全融合，并且两片玻璃中间是真空的，真空状态下声音是无法传导的，当然由于真空玻璃的支撑成了声桥，所以真空度不可能达到百分百真空，但这些支撑只占玻璃的千分之一，只是微小的声桥，可以忽略不计。

图5-9　真空玻璃

（5）热反射玻璃。热反射玻璃是一种在玻璃表面涂覆一层或多层金属或金属氧化物薄膜的玻璃，能够反射太阳能的大部分可见光和近红外光，从而降低玻璃的太阳能透射比，减少室内的夏季冷负荷。热反射玻璃的颜色多样，有金色、银色、蓝色、绿色等，具有良好的装饰效果。热反射玻璃的缺点是，由于反射了大量的可见光，会降低玻璃的透光率，影响室内的采光效果，同时也会增加室外的光污染。此外，热反射玻璃的薄膜层较薄，易受环境因素的影响，导致薄膜层的老化和脱落，影响玻璃的性能和寿命，如图5-10所示。

（6）低辐射玻璃。低辐射玻璃是一种在玻璃表面涂覆一层或多层具有低辐射特性的金属或金属氧化物薄膜的玻璃，能够透射太阳能的大部分可见光，同时反射室内的远红外光，从而降低玻璃的太阳能吸收比，减少室内的冬季热损失。低辐射玻璃的颜色接近于普通玻璃，具有较高的透光率，不影响室内的采光效果，也不会产生光污染。低辐射玻璃的优点是，由于反射了室内的远红外光，能够有效保持室内的温度，节约取暖能源，同时也能阻挡

图 5-10　热反射玻璃

室外的热量进入，节约制冷能源。低辐射玻璃的缺点是，由于透射了大量的可见光，会增加室内的夏季冷负荷，需要配合遮阳设施或其他节能玻璃使用。此外，低辐射玻璃的薄膜层也较薄，同样易受环境因素的影响，导致薄膜层的老化和脱落，影响玻璃的性能和寿命，如图 5-11 所示。

3. 卫生陶瓷

卫生陶瓷是一种广泛应用于建筑领域的材料，主要用于制作洁具、地板砖、墙面砖等。卫生陶瓷具有耐磨、耐腐蚀、易清洁、美观等优点，但也存在一些缺点，如重量大、易碎、生产过程中消耗大量的能源和水资源等。因此，如何提高卫生陶瓷的

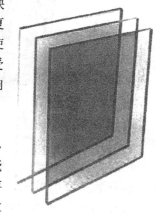

图 5-11　低辐射玻璃

环境友好性，降低其对气候变化的影响，是一个值得关注的问题。

为了实现建筑碳中和的目标，卫生陶瓷的生产和使用需要进行一些改进和创新。一方面，可以通过优化生产工艺，提高能效，减少废弃物，使用可再生能源，降低生产过程中的碳排放。例如，可以使用太阳能、风能等清洁能源为生产设备提供电力，可以使用生物质、废弃物等替代部分原料，可以使用循环水系统，减少水的消耗和污染等。另一方面，可以通过改善产品性能，延长使用寿命，提高回收利用率，降低使用过程中的碳足迹。例如，可以使用纳米技术、生物技术等增强卫生陶瓷的抗菌、自清洁、抗污染等功能，可以使用智能技术、物联网技术等实现卫生陶瓷的远程控制、监测、维护等，可以使用模块化、可拆卸、可重组等设计理念，方便卫生陶瓷的拆卸、运输、回收、再利

用等。

卫生陶瓷作为一种重要的建筑材料，有着巨大的发展潜力和创新空间。通过采用更加环保、节能、智能的生产和使用方式，卫生陶瓷可以为建筑碳中和作出贡献，同时也可以提高人们的生活质量和舒适度，如图5-12所示。

图 5-12　卫生间陶瓷示意图

第二节　智能建造

智能建造是以现代信息技术为基础，以数字化技术为支撑，实现建造过程一体化和协同化，推动工程建造工业化、服务化和平台化变革，从而交付以人为本的绿色工程产品。建筑业实现绿色低碳转型，必须从"数量取胜"转向"质量取胜"，从"经济效益优先"转向"绿色发展优先"，从"要素驱动"转向"创新驱动"。要想实现这些转变，智能建造是重要手段。因此，智能建造为建筑业绿色低碳转型提供了新的战略机遇及科学技术支撑，有助于提高建筑业绿色低碳转型过程多元主体协同治理效率。

一、智能建造体系

智能建造，作为新一代信息技术与工程建造的结合，是推动我国建筑业高质量发展的关键。这一模式在工程资源数字化的基础上，通过标准化建模、网络化互动、可视化认知、高性能计算及智能化决策支持，实现了从立项策划到规划设计、施工生产、运维服务的全过程一体化集成与高效协同。这种方式致力于提供以人为本、智能化且绿色可持续的工程产品和服务。

智能建造的体系建立在"三化"（数字化、网络化、智能化）和"三算"

（计算、云计算、大数据计算）等新一代信息技术之上，涵盖了全产业链一体化的工程软件、智能工地的物联网、人机共融的智能工程机械、智能决策的工程大数据等技术领域。这些技术的发展支持工程建造的全过程、全要素、全参与方协同和产业转型。因此，领域技术作为连接基础技术和业务应用的桥梁，其发展对智能建造的进步至关重要。通过不断的技术创新和应用深化，智能建造有望推动建筑行业向着更加智能、高效和绿色的方向发展。

（一）面向全产业链一体化的工程软件

工程软件是智能建造体系的核心，它可以实现建筑工程的设计、施工、运维等各个环节的数字化、智能化和协同化。工程软件可以提高工程质量、效率和安全性，降低工程成本和风险，增强工程的可持续性和创新性。工程软件的主要功能包括如下。

云计算和边缘计算：云计算和边缘计算是一种将计算资源和服务部署在云端或者靠近数据源的位置的技术，它可以提供弹性、可扩展、低成本、高性能的计算。云计算和边缘计算可以支持工程软件的快速开发、部署和更新，实现工程数据的高效存储、处理和传输，满足工程的实时性、安全性和可靠性的需求。

人工智能和机器学习：人工智能和机器学习是一种利用数据和算法实现智能行为的技术，它可以提供智能的分析、预测、优化和决策。人工智能和机器学习可以帮助工程软件理解工程的复杂性和多变性，提取工程的关键信息和知识，发现工程的潜在问题，生成工程的创新方案和建议。

（二）面向智能工地的工程物联网

工程物联网是指利用物联网、传感器、无线通信等技术，实现建筑工程现场的设备、材料、人员、环境等的智能连接和监控的一种网络系统。工程物联网可以实现工程现场的数据采集、传输和分析，提供工程现场的实时状态和动态变化，实现工程现场的智能管理和控制。工程物联网的主要功能包括如下。

智能监测：智能监测是指利用各种传感器和摄像头等设备，对工程现场的结构、设备、材料、人员、环境等进行实时的监测和检测，获取工程现场的温度、湿度、压力、振动、噪声、位置、运动、形变、裂缝等数据。智能监测可以提高工程现场的安全性和可靠性，预防和发现工程的隐患和故障，保障工程的正常运行和维护。

智能追溯：智能追溯是指利用二维码、RFID、NFC等技术，对工程现场的设备、材料、人员等进行唯一的标识和记录，获取工程现场的来源、流向、状态、质量等信息。智能追溯可以提高工程现场的透明度和可追溯性，追踪和管理工程的物流、资金流、信息流，优化工程的供应链和物资管理，提升工程的效率。

智能控制：智能控制是指利用无线通信、云计算、人工智能等技术，对工程现场的设备、材料、人员等进行远程的控制和调度，实现工程现场的自动化、智能化和协同化。智能控制可以提高工程现场的灵活性和协调性，调整和优化工程的进度、质量、成本等指标，实现工程的高效、优质完成。

(三)面向人机共融的智能化工程机械

智能化工程机械是指利用机器视觉、机器人、虚拟现实、增强现实等技术，实现建筑工程的施工、运输、安装等过程的智能化和自动化的一种机械设备。智能化工程机械可以实现工程的高精度、高速度、高质量的施工，提高工程的生产力和竞争力，减少工程的人力和资源的消耗，降低工程的环境和社会的影响。智能化工程机械的主要功能包括如下。

智能施工：智能施工是指利用机器视觉、机器人、3D打印等技术，对建筑工程的土方、基础、结构、装饰等工程进行智能化和自动化的施工，实现工程的精确、快速、美观的建造。智能施工可以提高工程的施工质量和效率，减少工程的人为误差和浪费，增加工程的创新性和美观性。

智能运输：智能运输是指利用无人驾驶、无人机、磁悬浮等技术，对建筑工程的材料、设备、人员等进行智能化和自动化的运输，实现工程的安全、快捷、经济的运输。智能运输可以提高工程的运输效率和安全性，减少工程的运输成本和风险，节省工程的时间和资源。

智能安装：智能安装是指利用虚拟现实、增强现实、智能穿戴等技术，对建筑工程的设备、管道、电气等工程进行智能化和自动化的安装，实现工程的准确、方便、高效地安装。智能安装可以提高工程的安装质量和效率，减少工程的安装难度和复杂度，提升工程的功能性和舒适性。

(四)面向智能决策的工程大数据

工程大数据是指建筑工程在设计、施工、运维等各个环节产生的海量、多样、动态的数据，它可以反映工程的全面、深入、实时的信息。工程大数据可以实现工程的智能化决策和优化，提高工程的效益和竞争力，促进工程的创新和发展。工程大数据的主要功能包括如下。

数据采集：数据采集是指利用工程物联网、智能化工程机械、智能监测等技术，对工程的结构、设备、材料、人员、环境等进行全面、持续、实时的数据采集，获取工程的数量、质量、时间、空间、成本等数据。数据采集可以提供工程的完整和准确的数据基础，支持工程的数据分析和决策。

数据分析：数据分析是指利用云计算、人工智能、机器学习等技术，对工程的数据进行清洗、整合、挖掘、可视化等处理，提取工程的规律、趋势、模式、关联等信息。数据分析可以提供工程的深刻和有价值的数据洞察，支持工程的数据决策和优化。

数据决策：数据决策是指利用数据分析的结果，对工程的设计、施工、运维等各个环节进行智能化的决策和优化，实现工程的目标、指标、方案、策略等的选择和调整。数据决策可以提供工程的高效和优质的数据方案，支持工程的数据驱动和创新。

二、智能建造技术

现代建筑设计理念的持续完善，以及科学技术的不断进步，推动了新型建筑模式的应用。其中，智能建造背景下装配式建筑的发展，在一定程度上解决了传统建筑成本高、耗能大等一系列问题，提高了建筑效率，减少了建筑施工过程中的资源损耗，并显著降低了相关过程中存在的环境污染。下面介绍几种装配式建筑下的智能建造技术。

（一）CIM＋技术在装配式建筑中的应用

2020 年，住房和城乡建设部等部门发布的《住房和城乡建设部等部门关于推动智能建造与建筑工业化协同发展的指导意见》和《住房和城乡建设部等部门关于加快新型建筑工业化发展的意见》，强调"工业化、信息化、平台化、智能化"，要求大力发展装配式建筑，加快推进"新基建"和城市信息模型 CIM 平台建设，通过新一代信息技术驱动打造建筑产业互联网平台，整合建筑全产业链，实现工程建设高效益、高质量、低消耗、低排放的建筑工业化，推动智能建造与建筑工业化的协同发展，装配式建筑和全产业链信息管理已成为建筑业发展的主要趋势[①]。

CIM＋技术在装配式建筑中的应用，主要包括以下几个方面：

1. 数字化设计

CIM＋技术可以利用建筑信息模型（BIM）和云计算技术，实现装配式建筑的三维模拟、参数化设计、协同设计和优化设计。数字化设计可以提高设计质量和效率，同时减少设计错误和冲突，提高设计的可视化和可交互性。

2. 智能制造

CIM＋技术可以利用工业机器人、传感器、物联网和大数据技术，实现装配式建筑构件的自动化、智能化和标准化制造。智能制造可以提高制造质量和效率，同时减少制造浪费和人力成本，提高制造的精度和一致性。

---

① 杨增科、樊瑞果、石世英、黄炜：《基于 CIM＋的装配式建筑产业链运行管理平台设计》，《科技管理研究》，2021 年第 19 期，第 121-126 页。

3. 智能运输

CIM＋技术可以利用智能物流系统、无人驾驶车辆、智能仓储和追踪技术，实现装配式建筑构件的快速、安全和准时运输。智能运输可以提高运输效率和安全性，同时减少运输损耗和碳排放，提高运输的可追溯性和可控性。

4. 智能安装

CIM＋技术可以利用智能施工系统、智能吊装设备、智能监控和检测技术，实现装配式建筑构件的精准、高效和安全安装。智能安装可以提高安装质量和效率，同时减少安装错误和风险，提高安装的可靠性和稳定性。

5. 智能运维

CIM＋技术可以利用智能建筑系统、智能设备、智能管理和维护技术，实现装配式建筑的智能化运行、维护和更新。智能运维可以提高运维质量和效率，同时减少运维成本和能耗，提高运维的舒适度和安全性。

（二）NB-IoT 技术在装配式建筑中的应用

窄带物联网（narrow band internet of things，简称 NB-IoT）是一种基于蜂窝网络的低功耗广域网技术，具有覆盖广、连接稳定、成本低、安全可靠等特点，适合于大量的低速率、低频率、低功耗的物联网设备的连接和通信。NB-IoT 技术可以为装配式建筑提供以下几方面的应用：

1. 工厂预制阶段

在工厂预制阶段，NB-IoT 技术可以实现构件的智能化监测和管理，通过在构件上安装传感器，实时采集和上传构件的尺寸、重量、温度、湿度、应力等数据，实现构件的质量控制和追溯，提高预制的效率和准确性。

2. 运输和安装阶段

在运输和安装阶段，NB-IoT 技术可以实现构件的智能化追踪和调度，通过在构件上安装定位器，实时获取和上传构件的位置、运动状态、运输环境等数据，实现构件的安全运输和及时到达，提高运输和安装的协调性和效率。

3. 现场施工阶段

在现场施工阶段，NB-IoT 技术可以实现现场的智能化管理和维护，通过在现场安装摄像头、温湿度计、烟雾报警器等设备，实时采集和上传现场的图像、温湿度、烟雾等数据，实现现场的安全监控和环境控制，提高现场的安全性和舒适性。

NB-IoT 技术可以为装配式建筑提供全方位的智能化支持，提升装配式建筑的质量、效率、安全和环保，促进装配式建筑的发展和普及，为建筑业的转型和升级作出贡献。

（三）BIM＋技术在装配式建筑中的应用

建筑信息模型（building information modeling，简称 BIM）是一种基于数字化的建筑设计、施工和运维的方法，它可以将建筑的各个方面（如结构、设备、材料、成本、进度等）集成到一个三维的模型中，实现建筑的全生命周期管理。BIM＋技术是指在 BIM 的基础上，引入了云计算、物联网、大数据、人工智能等新兴技术，使得 BIM 能够与其他系统和平台进行数据交换和共享，提高了 BIM 的智能化和协同化水平。BIM＋技术在装配式建筑中的应用主要体现在以下几个方面：

1. 设计阶段

在设计阶段，BIM＋技术可以帮助设计师快速生成和修改装配式建筑的三维模型，进行多方案的比较和优化，同时可以对模型进行结构分析、能耗分析、碰撞检测等，提高设计的质量和效率。BIM＋技术还可以通过云计算和物联网，实现与业主、施工方、监理方等的实时沟通和协作，及时反馈和解决设计中的问题。

2. 预制阶段

在预制阶段，BIM＋技术可以将设计模型转化为预制图纸和工艺指导，为预制厂提供准确和完整的信息，同时可以通过物联网和大数据，对预制厂的生产过程进行监控和管理，实现预制件的质量控制和追溯。BIM＋技术还可以通过云计算和人工智能，对预制件的库存和运输进行智能调度和优化，降低物流成本和风险。

3. 组装阶段

在组装阶段，BIM＋技术可以将预制件的位置和顺序与现场的实际情况进行匹配和调整，为施工方提供精确和便捷的安装指导，同时可以通过物联网和大数据，对现场的施工过程进行监测和管理，实现施工的质量控制和安全保障。BIM＋技术还可以通过云计算和人工智能，对施工的进度和成本进行智能预测和优化，提高施工的效率和效益。

4. 运维阶段

在运维阶段，BIM＋技术可以将建筑的实际状态和性能与模型进行对比和更新，为运维方提供准确和全面的信息，同时可以通过物联网和大数据，对建筑的运行过程进行监测和分析，实现运维的质量控制和节能优化。BIM＋技术还可以通过云计算和人工智能，对建筑的维修和改造进行智能预警和推荐，延长建筑的寿命和价值。

第三节　低碳建筑

低碳建筑的理念来源于低碳城市和低碳经济，是建筑业发展到目前节能减排方面的创举。低碳建筑与低碳生活的实施将极大减少建筑物的碳排放量，减少对环境的破坏与资源的浪费。

一、低碳建筑的定义

自工业革命以来，人类大规模机械化生产活动对能源的使用日益增加，大气中的温室气体浓度迅速上升，由此引起的全球变暖与世界气候剧烈变化已经成为人类面临的最大威胁之一。对比联合国政府间气候变化专门委员会（IPCC）第五次和第六次评估报告第一工作组报告中的主要结论如表 5 - 3 所示。

表 5 - 3　*IPCC AR5 WGI* 和 *IPCC AR6 WGI* 主要结论对比

主要结论	*IPCC AR5 WGI*	*IPCC AR6 WGI*
全球近期变暖趋势	过去三个 10 年的地表已连续偏暖于 1850 年以来的任何一个 10 年；1983—2012 年很有可能是北半球过去 1 400 年来最热的 30 年	自 1850 年以来，过去 40 年中的每 10 年都连续比之前任何 10 年更暖
全球表面温升幅度	全球几乎所有地区都经历了升温过程，1880—2012 年，全球平均表面温度升高幅度（GMST）达到 0.85 摄氏度（0.65~1.06 摄氏度）（基于现有 3 个独立数据集），2003—2012 年的全球平均表面温度比 1850—1999 年升高了 0.78 摄氏度（0.72~0.85 摄氏度）	21 世纪前 20 年（2001—2020 年）的全球表面温度（GST）比 1850—1900 年高 0.99 摄氏度（0.84~1.10 摄氏度）。2011—2020 年的全球表面温度比 1850—1900 年高 1.09 摄氏度（0.95~1.20 摄氏度）。此外，方法学的进步和新的数据集为《IPCC AR6 WGI》中最新变暖估计值贡献了约 0.1 摄氏度
大气温室气体浓度变化	至少在过去 80 万年中，大气中 CO_2、CH_4 和 N_2O 的浓度已经上升到前所未有的水平。相较于工业化前水平，CO_2 浓度升高了 40%、CH_4 浓度升高 150%、N_2O 浓度升高了 20%	2019 年，大气 CO_2 浓度高于至少 200 万年来的任何时候，CH_4 和 N_2O 浓度高于至少 80 万年来的任何时候。自 1750 年以来，CO_2 浓度升高 47%、CH_4 浓度升高 156%、N_2O 浓度升高 23%。2020 年，大气 CO_2 浓度继续上升，观测到的 CO_2 增长率没有明显下降

（续）

主要结论	*IPCC AR5 WGI*	*IPCC AR6 WGI*
人为活动贡献的温升幅度	对于 1951—2010 年观测到的温度变暖（约 0.6 摄氏度），人为温室气体排放贡献可能为 0.5～1.3 摄氏度，其中贡献最大的是大气 CO_2 浓度升高，自然因子的贡献可能为 -0.1～0.1 摄氏度	1850—1900 年到 2010—2019 年，人为造成的全球表面温度升高的可能范围为 0.8～1.3 摄氏度，最佳估计值为 1.07 摄氏度。温室气体可能导致 1.0～2.0 摄氏度的升温，其他人类驱动因素（主要是气溶胶）导致 0～0.8 摄氏度的降温，自然驱动因素的贡献为 -0.1～0.1 摄氏度
气候变暖的人为活动归因	人类活动（温室气体排放）极可能（extremely likely）是 1951 年以来（一半以上）全球气候变暖的主要原因，与上一版的"人类活动相当可能（very likely）是（大部分）全球气候变暖的原因"相比，AR5 进一步明确了人为因素对全球气候变暖的主导作用	人类影响毋庸置疑造成了大气、海洋和陆地变暖，大气层、海洋、冰冻圈和生物圈发生了广泛而迅速的变化。自 1750 年前后以来，观察到的温室气体浓度增加毋庸置疑是由人类活动引起的。 人类活动引起的气候变化已经影响到全球各个区域的极端天气和气候。AR5 以来，观察到的热浪、强降水、干旱和热带气旋等极端事件变化的证据，特别是将其归因于人类影响的证据已经有所增强

可以看出，受到人类活动的影响，大气中碳含量不断增加，全球表面温升幅度不断加大，按此温升水平将引起灾难性影响，全球各行业低碳化发展刻不容缓。中国作为全球最大的发展中国家，年碳排放量全球第一，降碳的潜力极大。为了发挥大国作用、践行人类命运共同体理念，中国在第七十五届联合国大会上提出，将在 2030 年达到碳达峰、2060 年达到碳中和的目标。为了实现"双碳"目标，我国制定了一系列相关措施，提出了一系列行动方案。进而对经济社会发展的各个领域关于减碳做了全面、细致的量化，即有主次之分。其中，能源是最为重要，也是最关键的领域。此外，为其他具体的产业，如工业、城建、交通等领域。

中国建筑节能协会的数据显示，2018 年，全国建筑行业的碳排放量占全国碳排放总量的 51%[①]。低碳建筑在此大背景下，在城建领域被不断地提起，并逐渐成为实现"双碳"目标的重要方向。低碳建筑指的是在建筑全寿命周期内，即从建筑设计修建，到建筑投入使用和后期的维护管理的周期中，通过减少化石能源的使用，提高能效等一系列减碳措施，使得建筑全寿命周期

---

① 张涛：《〈2030 年前碳达峰行动方案〉解读》，《生态经济》，2022 年第 1 期，第 9-12 页。

内的碳排放量大大减少的建筑。低碳建筑根据其减碳重点的差异，可分为环境友好型、低能耗型、绿色宜居型和零碳排放型。这类建筑通过降低能源消耗并结合可再生能源的应用，旨在将建筑整个生命周期内的 CO_2 排放量降至最低。

在全球范围内努力减少能源消耗、保护环境及实现可持续发展的背景下，涌现出多种与低碳建筑相关的概念。其中，包括节能建筑、生态建筑、绿色建筑、可持续建筑、太阳能建筑和零能耗建筑等。这些概念虽然在定义和研究重点上各有不同，但它们之间存在紧密联系。例如，节能建筑侧重于减少能源使用，生态建筑则强调与自然环境的和谐共生，绿色建筑综合考虑了环境影响和资源效率，而零能耗建筑则追求能源的自给自足。这些不同的概念共同构成了低碳建筑领域的多元化，反映了建筑业对环保和可持续发展的全面关注。在表 5-4 中可以看到这些概念之间的具体区别与联系。

表 5-4　低碳建筑与相关概念的区别与联系

分类	定义	提出背景	研究方向	相互区别和联系
低碳建筑	建筑全生命周期碳排放量较少的建筑	应对全球气候变暖问题而提出	建筑碳排放量	重点关注建筑的碳排放量
节能建筑	遵循建筑所在地的气候条件，通过采用节能设计方法，可以有效设计并构建低能耗建筑	应对全球的能源危机	建筑的能源利用与管理	关注建筑使用阶段能耗
绿色建筑	实现建筑与自然和谐共生的关键在于最大限度节约资源和保护环境，同时提供健康舒适的空间。这涉及高效使用能源、合理利用土地、节约水资源和采用可持续材料。这类建筑旨在减少对环境的负面影响，为居住者创造一个健康安全的生活环境	应对能源危机而采取的节能环保措施	"四节一环保"，强调人居环境的舒适度与健康度	绿色建筑涉及范围广，其节能、节材等措施可以运用在低碳建筑中
生态建筑	应用生态学原理来设计和建造房屋，旨在节约资源、保护环境，并追求与周边生态环境的和谐共存	由建筑师保罗·索莱里将生态学和建筑学原理合并提出	建筑、自然社会环境和人组成的生态系统	关注建筑及其周边环境

（续）

分类	定义	提出背景	研究方向	相互区别和联系
可持续建筑	在减少环境负担的同时，需重视建筑的长期发展，同时考虑居住者健康和后代福祉	随可持续发展概念的产生而产生	考虑建筑从现在到未来的持续发展状况	内容及领域更加广泛而系统
太阳能建筑	指通过被动、主动方式充分利用太阳能的房屋	太阳能利用技术的发展	太阳能建筑技术	太阳能建筑技术可用于低碳建筑中
零能耗建筑	通过采用被动式建筑设计、节能设备和可再生能源，旨在在保障室内环境质量的同时实现显著的节能效果，以此最大化提升建筑的能源自给自足能力	应对能源危机和全面降低建筑碳排放	建筑使用阶段的能源收支平衡	作为节能建筑的延伸，其节能与产能技术可用于低碳建筑

低碳设计在城市和建筑设计层面各有侧重。在城市设计中，低碳设计致力于通过规划减少碳排放，涵盖土地利用、交通、绿化等方面。在建筑设计方面，低碳设计包括被动式和主动式两种方法。国际上普遍认同的原则是，先最大限度地利用被动式设计，然后采用主动式设计手段，对建筑的空间布局、结构和设备等进行优化，以最大程度减少 CO_2 排放。

二、低碳建筑研究现状

（一）中国研究现状及实例

1. 研究现状

我国低碳建筑的研究近年发展迅速，涉及多个学科和领域，形成了较为完善的研究体系和框架。根据文献分析，我国低碳建筑的研究主要集中在以下几个方面：

（1）低碳建筑的概念、评价和标准。这方面的研究主要是对低碳建筑的定义、内涵、特征、目标、原则、指标、方法等进行探讨和规范，以及制定相应的评价体系和标准，为低碳建筑的设计、施工、运行、管理和监测提供依据和指导。目前，我国已经出台了一系列的低碳建筑相关的政策、法规、规范、标准和技术指南，如《建筑节能管理条例》《零碳建筑技术指南》等。

（2）低碳建筑的设计和技术。这方面的研究主要是探索和应用各种低碳建筑的设计理念和技术手段，如生态设计、被动式设计、节能设计、可再生能源利用、智能化控制、废弃物利用、生命周期分析等，以提高建筑的能源效率和环境性能，降低建筑的碳排放和环境影响。目前，我国已经建成了一批低碳建筑的示范项目，如北京奥林匹克公园、上海世博会场馆、广州亚运村、深圳国际低碳城等，展示了低碳建筑的设计和技术的创新和实践。

（3）低碳建筑的运行和管理。这方面的研究主要是研究和优化低碳建筑的运行和管理模式和方法，如能源管理、碳管理、维护管理、运营管理、用户行为管理等，以保证低碳建筑的持续和高效运行，实现建筑的节能和减排目标。目前，我国已经建立了一些低碳建筑的运行和管理的平台和机制，如建筑能耗在线监测平台、建筑碳排放核算和报告系统、建筑能效标识和奖励制度等，促进了低碳建筑的运行和管理的规范和智能化。

（4）低碳建筑的社会和经济效益。这方面的研究主要是评估和分析低碳建筑的社会和经济效益，如节能和减排效果、成本和收益分析、市场和政策分析、用户满意度和参与度分析等，以揭示低碳建筑的价值和意义，为低碳建筑的推广和应用提供支持和动力。目前，我国已经开展了一些低碳建筑的社会和经济效益的研究，如《中国绿色建筑发展报告》《中国低碳建筑发展报告》等，反映了低碳建筑的发展状况和趋势，提出了低碳建筑的发展建议和对策。一些学者针对低碳建筑做了不同的研究，相关书籍如表 5-5 所示。与此同时，更多的学者在低碳建筑领域发表了许多文章，期望为我国的低碳发展事业提供参考，如表 5-6 所示[1]。

表 5-5　中国低碳建筑相关书籍

书名	作者	主要内容
《低碳建筑》	陈易等	该书简要介绍了低碳建筑理论及建筑碳排放问题，并针对低碳建筑设计提出了相应的策略和措施
《低碳建筑论》	鲍健强、叶瑞克等	该书涉及低碳建筑的历史、评价标准等内容，并提出了若干低碳建筑的解决方案
《总部办公大楼：低碳节能办公建筑解析》	布克（BOOK）设计	该书介绍了 27 个办公建筑案例，着重从外墙节能、门窗节能及新能源利用三个方面探讨低碳办公楼设计的实践应用

[1]　张婧：《日本办公建筑低碳设计策略研究》，西安建筑科技大学，2020 年。

表 5-6 低碳建筑相关文献

题名	作者	主要内容
《低碳视角下建筑业绿色全要素生产率及影响因素研究》	向鹏成、谢怡欣、李宗煜	选择 Global Malmquist-Luenberger 模型测算低碳视角下的建筑业绿色全要素生产率，并进行影响因素分析
《低碳概念下建筑设计与室内外环境融合分析》	周建波	提出低碳概念下的建筑设计与室内环境的综合设计是一项全局性的工程项目
《绿色低碳理念在高层建筑设计中的运用探讨——评〈绿色建筑节能工程设计〉》	金禾、张楠	根据《绿色建筑节能工程设计》一书，提出针对高层建筑进行低碳化的有效技术

中国建筑节能标准内容体系已较为完善，共有 5 部基本标准、25 部通用标准、46 部专用标准，可以按照逻辑维、过程维、知识维将建筑节能标准进行不同的分类，分类结果如表 5-7 所示。

表 5-7 建筑节能相关标准

逻辑维	过程维	知识维		
		节能技术类型	标准数量	内容
基础标准	全过程		1	《建筑气候区划标准（GB 50178—1993）》
			1	《建筑节能气象参数标准（JGJ/T 346—2014）》
			1	《建筑日照计算参数标准（GB/T 50947—2014）》
			1	《建筑节能基本术语标准（GB/T 51140—2015）》
			1	《民用建筑能耗数据采集标准（JGJ/T 154—2007）》
通用标准	设计环节	整体设计	11	按气候区划和建筑类型分类进行的设计
		照明	2	采光、照明
		可再生能源	1	被动式太阳能
	施工与验收环节	整体验收	1	建筑节能工程施工质量验收标准
	运行与维护环节	改造	3	改造技术、改造能效评测
		能耗监测	2	能耗标准、能耗分类标识等
	检测与评价环节	整体评价	5	分类建筑整体评价为主

（续）

逻辑维	过程维	节能技术类型	标准数量	内容
			知识维	
专用标准	设计环节	通风空调	8	包括建筑热环境、空气调节等要求，以及各类空调制冷技术规程
		照明	3	各种场景等照明设计
		供热	3	供热系统、三联供、室内辐射技术等
		围护结构	7	包括外保温、内保温、遮阳等技术与材料的要求
		可再生能源	4	主要使用太阳能光伏光热及地源热泵等
	施工与验收环节	通风空调	1	通风与空调工程施工质量验收规范
		供热	2	供热管网验收，供热直埋管道技术规程
	运行与维护环节	改造	3	居住建筑与供热系统改造指导
		能耗监测	4	空调系统、供热计量与城镇供热系统
	检测与评价环节	通风空调	4	包括热环境的测试、评价、通风效果评测
		照明	1	光环境
		供热	1	城镇供热系统
		围护结构	3	门窗、围护传导系数、幕墙等
		可再生能源	2	可再生能源整体应用情况的评价

2. 设计实例

2010 年，世博会在中国举行，以低碳城市和建筑为主题，其中上海世博会零碳馆是我国第一座零碳排放的公共建筑。其主要低碳设计措施包括：①利用太阳能装置集热和发电；②利用风能发电；③屋顶绿化系统，吸收 CO_2；④空调系统冷源利用黄浦江江水。

之后出现的其他低碳建筑，如中意清华环境节能楼，位于清华大学校园内，总建筑面积 2 万米^2，是展现中国 CO_2 减排的窗口。其主要低碳设计措施包括：①U 形平面的建筑环绕中央庭院；②封闭的北立面隔热性能强，抵御冬季的寒风，南立面开敞通透；③退台式花园；④光伏板既可遮阳，又可为建筑提供能源。

（二）国外研究现状

其他诸如美国、德国、英国和日本等国家在低碳建筑领域也取得了很好的研究成果。其中，由于日本本土的土地较少且地震、火山喷发等自然灾害较为频繁，导致其资源匮乏。其中就包括了如煤、石油、天然气等一次能源的储备，故自 1979 年日本颁布《节约能源法》以来，针对能源方面的法律法规不断地推陈出新，直到 2002 年制定《能源政策基本法》后，形成了完备的低碳法律体系[①]。2009 年日本发布国家标准 TSQ0010：2009《日本产品碳足迹评价与标识的一般原则》，低碳建筑和低碳建筑技术在此过程中应运而生，因此日本在低碳建筑实例和低碳建筑技术方面有很多值得中国借鉴的地方。除此以外，其他国家根据本国的能源分布和应用情况及经济水平，制定了完善的法律法规和评价体系，以便更好地约束建筑领域的碳排放量，并且将理论上的低碳建筑技术应用于实践项目，从而将低碳建筑和低碳建筑技术推广。各国从自身实际出发，针对低碳建筑的评价标准大同小异，如表 5-8 所示。

表 5-8　其他国家建筑评价标准

国家	评价标准名称	颁布时间	评价内容
日本	TSQ-0010：2009 产品碳足迹评价与标识的一般原则	2009 年	日本产品碳足迹的制定规范、日本碳足迹制度指南
英国	英国建筑研究院环境评估方法 BREEAM	1990 年	评价内容涵盖 10 个方面，包括材料、水、能源、交通、土地利用、管理、健康和舒适、生态、垃圾和污染；评价结果分为五个等级：通过、良好、优秀、优异和杰出
美国	绿色建筑认证系统 LEED	1995 年	评价分为四级，依次升级为认证、银、金、铂金。评估包括七大领域：场地规划、水利用、能源环境、材料资源、室内质量、区域优先级、创新设计
加拿大	GBC	1998 年	评价指标包括能源利用、室内环境质量、设备质量、环境负荷、管理与经济等多个方面
澳大利亚	Green Star	2002 年	评价包含管理、室内环境、能源、交通、水使用、材料节约、土地与生态、排放、创新等 9 个维度，涵盖建筑选址、设计、施工、维护及运营对环境的整体影响
德国	DNGB	2008 年	评估内容包含六大领域：生态质量、经济性、社会功能、技术性、过程表现、基地条件
中国	建筑碳排放计算标准（GB/T 51366—2019）	2014 年	提出建筑全生命周期的碳排放定义，并提供两种建筑碳排放计算方法

---

①　Zhang S D，Chen C Y，*The Experience of the low-carbon economic development in the developed countries*，Advanced Materials Research，2012，524-527：3692-3695.

三、低碳建筑相关技术

(一) 建筑领域新能源的利用

能源是经济发展的基础，经济的发展也离不开对能源的支持，随着人们对舒适性的要求，建筑消耗的能耗越来越大，建筑节能刻不容缓。在建筑节能设计中，使用新能源是经济可持续发展的必备条件。中国的一般能源有煤炭、石油与天然气等，这些均为一次性能源，且在使用的过程中伴随对环境产生不利影响，有可能会对人体身心健康产生很大影响。新能源是可再生清洁能源，在使用中不会造成环境污染，不会破坏地球的生态环境。

建筑领域的新能源有太阳能、风能、浅层地热能等。在建筑物中充分利用这些绿色新型能源，是减少建筑能耗、改善能源结构、提高可持续发展能力的有力保障。

太阳能又称为光能，是自然界中最为核心的能源之一。中国是太阳能资源十分丰富的国家，为太阳能的利用提供了很好的条件。中国太阳能资源区划系统及分区特征如表 5-9 所示。

表 5-9　中国太阳能资源区划系统及分区特征

分区	年辐射总量 [兆焦/（米^2·年）]	代表地区	特征
一类地区	6 681~8 400	宁夏北部、甘肃北部、新疆东部、青海西部和西藏西部等地	平均日辐射量 5.1~6.4 千瓦时/米^2，尤以西藏西部最为丰富，最高达 6.4 千瓦时/米^2
二类地区	5 851~6 680	河北西北部、山西北部、内蒙古南部、宁夏南部、甘肃中部、青海东部、西藏东南部和新疆南部等地	平均日辐射量 4.5~5.1 千瓦时/米^2
三类地区	5 001~5 850	山东、河南、河北东南部、山西南部、新疆北部、吉林、辽宁、云南、陕西北部、甘肃东南部、广东南部、福建南部、苏北、皖北、台湾西南部等地	平均日辐射量 3.8~4.5 千瓦时/米^2
四类地区	4 201~5 000	湖南、湖北、广西、江西、浙江、福建北部、广东北部、陕西南部、江苏北部、安徽南部以及黑龙江、台湾东北部等地	平均日辐射量 3.2~3.8 千瓦时/米^2

（续）

分区	年辐射总量 [兆焦/（米²·年）]	代表地区	特征
五类地区	3 350～4 200	四川、贵州	平均日辐射量 2.5～3.2 千瓦时/米²，是我国太阳能资源最少的地区

如表 5-9 所示，除四川盆地等局部地区不适宜太阳能利用以外，中国大部分地区都适合利用太阳能。尤其是西北、西南、华北地区，太阳能资源相对丰富，应充分利用太阳能资源，使其在建筑节能中发挥更大的作用。在建筑领域，太阳能应用技术主要划分为以下两类：①太阳能光热应用。基本原理为将吸收获得的太阳能转换为热能直接利用或者将获得的热能进一步转换为其他形式的能量。②太阳能光电应用。利用光生伏特效应，使用半导体发电器件将光能直接转换成电能。主要装置为太阳能电池，目前光电转化效率为 10%～25%。

1. 太阳能光热

太阳能光热是一种利用太阳光的热能进行加热或制冷的技术，它是一种清洁、可再生、高效的能源利用方式，可以减少对化石能源的依赖，降低温室气体的排放，保护环境，促进可持续发展。太阳能光热的应用领域很广泛，其中最常见的包括太阳能热水器和太阳能采暖。其在建筑上的应用主要包括太阳能热水器、太阳能房、太阳能制冷。

（1）太阳能热水器。太阳能热水器是一种利用太阳能光热技术为人们提供热水的设备，它主要由集热器、储水箱、管道、控制器等部件组成。集热器是太阳能热水器的核心部件，它的作用是将太阳光的热能转化为水的热能，提高水的温度。集热器的类型有很多，常见的有平板式、真空管式、集中式等。储水箱是太阳能热水器的储能部件，它的作用是储存加热后的热水，供人们日常生活使用。储水箱的容量和形状可以根据用户的需求和安装条件进行选择。管道是太阳能热水器的输送部件，它的作用是将水从储水箱输送到集热器，或者从集热器输送到储水箱，或者从储水箱输送到用户的用水点。管道的材质和尺寸要求有一定的抗压、耐腐蚀、保温等性能。控制器是太阳能热水器的控制部件，它的作用是根据水的温度、流量、压力等参数，控制水的循环、加热、排气等过程，保证太阳能热水器的正常运行和安全使用。

太阳能热水器的优点有很多，如节能，太阳能热水器利用太阳能作为热源，不需要消耗电能、燃气等化石能源，可以节省能源成本，减少能源浪费；环保，太阳能热水器在运行过程中不会产生任何污染物，不会对环境造成负担，可以减少温室气体的排放，提高空气质量；经济，太阳能热水器的投资成本相对较低，一般可以在几年内收回，而且使用寿命较长，一般可以达到 10年以上，可以为用户带来长期的经济效益；便利，太阳能热水器的安装和维护比较简单，一般不需要专业的技术人员，用户可以自行操作，而且使用起来也比较方便，可以随时提供热水，满足人们的生活需求。

（2）太阳能采暖。太阳能采暖是一种利用太阳能光热技术为人们提供室内温度调节的设备，是太阳能光热技术的另一种重要应用。太阳能采暖的基本原理是利用太阳能集热器将太阳光的热能转化为水或空气的热能，然后通过储热箱、管道、风机等部件将热水或热空气输送到用户需要的地方，通过散热器、地暖、空调等方式进行室内温度的调节。太阳能采暖的类型主要包括两种：水循环式和空气循环式。水循环式太阳能采暖是利用水作为储热介质，通过太阳能集热器加热水，然后通过储热箱、管道、水泵等部件将热水输送到散热器或地暖等设备，进行室内温度的调节。水循环式太阳能采暖的优点是热量传递效率高，温度稳定，缺点是系统复杂，安装成本高，需要防冻措施。空气循环式太阳能采暖是利用空气作为储热介质，通过太阳能集热器加热空气，然后通过储热箱、管道、风机等部件将热空气输送到散热器或空调等设备，进行室内温度的调节。空气循环式太阳能采暖的优点是系统简单，安装成本低，不需要防冻措施，缺点是热量传递效率低，温度波动大。

（3）太阳能制冷。在一年当中，夏季太阳辐射强度会达到最大，此时对空调制冷的需求旺盛。制冷的需求在一定程度上与太阳辐射强度基本一致。夏季高太阳辐射强度将利于太阳能驱动的空调系统产生更多的冷量，相比其他太阳能系统，太阳能制冷系统的季节性、适应性要更好。建筑领域的太阳能制冷技术有以下三种：

①太阳能吸收式制冷。太阳能吸收式制冷是一种利用太阳能集热器提供高温热水或蒸汽，驱动吸收式制冷机组，产生低温冷水或冷气的技术。吸收式制冷机组是一种利用工质和溶剂之间的吸收和解吸过程，实现制冷循环的设备。常用的工质和溶剂的组合有水—溴化锂、氨—水等。太阳能吸收式制冷系统的主要组成部分包括太阳能集热器、吸收式制冷机组、冷却塔、冷凝器、蒸发器、冷水箱、热水箱、泵、阀门、管道等。太阳能吸收式制冷系统的工作原理如下：A. 太阳能集热器吸收太阳辐射，将水或其他储热介质加热至一定温度，形成高温热水或蒸汽，储存在热水箱中，以备后用。B. 吸收式制冷机组的发生器接收来自热水箱的高温热水或蒸汽，对溶剂中的工质进行加热，使其从溶

剂中解吸出来，形成高压蒸汽，进入冷凝器。C. 冷凝器利用来自冷却塔的冷却水，对高压蒸汽进行冷凝，释放出潜热，形成高压液态工质，进入节流阀。D. 节流阀对高压液态工质进行节流，使其压力降低，温度下降，形成低压液态工质，进入蒸发器。E. 蒸发器利用来自冷水箱的低温冷水，对低压液态工质进行蒸发，吸收冷水的热量，形成低压蒸汽，进入吸收器。F. 吸收器利用来自冷却塔的冷却水，对低压蒸汽进行吸收，释放出潜热，形成低压溶液，进入溶液泵。G. 溶液泵对低压溶液进行加压，使其压力升高，温度升高，形成高压溶液，回到发生器，完成制冷循环。

②太阳能吸附式制冷。太阳能吸附式制冷是一种利用太阳能集热器提供中温热水或蒸汽，驱动吸附式制冷机组，产生低温冷水或冷气的技术。吸附式制冷机组是一种利用固体吸附剂和工质之间的吸附和解吸过程，实现制冷循环的设备。常用的固体吸附剂和工质的组合有活性炭—甲醇、硅胶—水等。太阳能吸附式制冷系统的主要组成部分包括太阳能集热器、吸附式制冷机组、冷却塔、冷凝器、蒸发器、冷水箱、热水箱、泵、阀门、管道等。太阳能吸附式制冷系统的工作原理如下：A. 太阳能集热器吸收太阳辐射，将水或其他工质加热至一定温度，形成中温热水或蒸汽，储存在热水箱中，以备后用。B. 吸附式制冷机组由两个或多个吸附器组成，每个吸附器内部均装有固体吸附剂和工质。吸附器之间通过阀门进行切换，实现吸附和解吸的交替进行。当一个吸附器进行吸附时，另一个吸附器进行解吸，反之亦然。第一，吸附过程。当一个吸附器接收来自冷水箱的低温冷水时，固体吸附剂对工质进行吸附，吸收工质的潜热，使工质的压力和温度降低，形成低压液态工质，进入蒸发器。蒸发器利用来自冷水箱的低温冷水，对低压液态工质进行蒸发，吸收冷水的热量，形成低压蒸汽，进入另一个吸附器。第二，解吸过程。当另一个吸附器接收来自热水箱的中温热水或蒸汽时，固体吸附剂对工质进行解吸，释放出工质的潜热，使工质的压力和温度升高，形成高压蒸汽，进入冷凝器。冷凝器利用来自冷却塔的冷却水，对高压蒸汽进行冷凝，释放出潜热，形成高压液态工质，进入节流阀。节流阀对高压液态工质进行节流，使其压力降低，温度下降，形成低压液态工质，回到吸附器，完成制冷循环。

③太阳能蒸汽喷射式制冷。太阳能蒸汽喷射式制冷是一种利用太阳能集热器提供高温蒸汽，驱动蒸汽喷射式制冷机组，产生低温冷水或冷气的技术。蒸汽喷射式制冷机组是一种利用高压蒸汽通过喷嘴喷射，形成低压区，吸入低压蒸汽，然后在混合器中混合，再通过扩散器加压，进入冷凝器，实现制冷循环的设备。常用的工质是水或其他低沸点的液体，如氨、丙烷等。太阳能蒸汽喷射式制冷系统的主要组成部分包括太阳能集热器、蒸汽喷射式制冷机组、冷却

塔、冷凝器、蒸发器、冷水箱、热水箱、泵、阀门、管道等。太阳能蒸汽喷射式制冷系统的工作原理如下：A. 太阳能集热器吸收太阳辐射，将水或其他工质加热至一定温度，形成高温蒸汽，储存在热水箱中，以备后用。B. 蒸汽喷射式制冷机组的喷嘴接收来自热水箱的高温蒸汽，对其进行喷射，形成低压区，吸入来自蒸发器的低压蒸汽，进入混合器。C. 混合器将高压蒸汽和低压蒸汽进行混合，形成中压蒸汽，进入扩散器。D. 扩散器对中压蒸汽进行加压，使其压力升高，温度升高，形成高压蒸汽，进入冷凝器。E. 冷凝器利用来自冷却塔的冷却水，对高压蒸汽进行冷凝，释放出潜热，形成高压液态工质，进入节流阀。F. 节流阀对高压液态工质进行节流，使其压力降低，温度下降，形成低压液态工质，进入蒸发器。G. 蒸发器利用来自冷水箱的低温冷水，对低压液态工质进行蒸发，吸收冷水的热量，形成低压蒸汽，回到喷嘴，完成制冷循环。

2. 风能的应用

风能是一种无污染、可再生的清洁能源。风能利用则是将风运动时所具有的动能转化为其他形式的能。由于其具有不环境污染、开发利用便捷、成本低等优点，风能的开发利用受到了世界各国普遍关注。风力发电是风能利用的重要形式。

风能利用在建筑环境中具有重要的意义。一方面，建筑环境是人类生活和工作的主要场所，也是能源消耗和环境污染的主要来源。利用风能可以为建筑提供清洁的能源，降低建筑的能耗和碳排放，提高建筑的节能和环保性能。另一方面，建筑环境是风能资源的重要载体，建筑的形态、结构、布局等都会影响风能的分布和利用。利用风能可以为建筑提供舒适的环境，改善建筑的通风和采光条件，提高建筑的宜居和美观性能。

（1）自然通风。自然通风是一种以适应地域风环境为主的被动式风能利用形式。自然通风的原理是利用风压差和温度差产生的空气流动，通过建筑的开口和通道，实现建筑内外空气的交换和循环。自然通风的目的是为建筑提供新鲜的空气，排除建筑内的污染物和热量，提高建筑的室内空气质量和热舒适度，降低建筑的机械通风和空调的依赖和能耗。

自然通风的特点是简单、经济、环保、灵活。自然通风不需要额外的设备和能源，只需要合理地设计和控制建筑的开口和通道，就可以利用自然的风力实现通风的效果。自然通风的成本低，维护简单，不会产生噪声和污染，有利于保护环境和节约能源。自然通风的方式多样，可以根据建筑的功能、形式、结构、方位、气候等因素，选择不同的通风模式和策略，如单向通风、双向通风、跨通风、堆肥通风等，以适应不同的通风需求和条件。自然通风原理如图 5 - 13 所示。

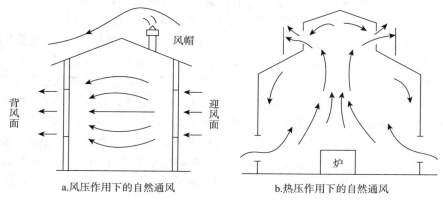

a.风压作用下的自然通风　　　　b.热压作用下的自然通风

图 5 - 13　自然通风原理

　　自然通风的优点是能够提高建筑的室内环境质量和节能性能，增加建筑的舒适性和健康性。自然通风可以有效地排除建筑内的有害气体、粉尘、湿气等污染物，保证建筑内的空气新鲜和清洁，防止建筑内的空气污染和传染病的发生，有利于人们的呼吸和健康。自然通风还可以有效地调节建筑内的温度和湿度，降低建筑内的热负荷和热岛效应，减少建筑对机械通风和空调的依赖，节约能源消耗和费用，有利于建筑的节能和低碳。

　　自然通风的缺点是受到风速、风向、季节、地形等因素的影响，其通风效果不稳定、不可控、不可预测。自然通风的效率低，不能满足高密度、高层、高能耗等建筑的通风需求。自然通风还可能导致建筑内的噪声、灰尘、异味等问题，影响建筑的室内环境质量和舒适性。

　　自然通风的应用范围主要是低密度、低层、低能耗等建筑，尤其是在风能资源丰富、气候温和、通风需求较高的地区和建筑。自然通风的应用效果取决于建筑的设计和控制，需要综合考虑建筑的功能、形式、结构、方位、气候等因素，以实现最佳的通风效果。

　　（2）风力发电。风力发电是一种以利用风能转化为电能为主的主动式风能利用形式。风力发电的原理是利用风车叶片接受风力的作用，驱动风轮和发电机旋转，将风能转化为机械能，再通过发电机将机械能转化为电能。风力发电的目的是为建筑提供清洁的电力，满足建筑的用电需求，减少建筑对传统能源的依赖和消耗，降低建筑的碳排放和对环境的影响。

　　风力发电的特点是高效、可持续、可控、可储存。风力发电的效率高，可以将风能的大部分转化为电能，其发电量和质量与风速成正比。风力发电的可持续性强，可以利用无限的风能资源，不会消耗和破坏其他的自然资源，也不会产生废弃物和污染物，有利于保护环境和节约能源。风力发电的可控性好，可以根据建筑的用电需求和风能的供给，调节风力发电的输入和输出，实现风能的利用率和最优分配。风力发电的可储存性强，可以将多余的电能储存在电池或其他储能装置中，以备不时之需，提高风能的利用率和安全性。

风力发电的优点是能够提供建筑的清洁电力，降低建筑的能耗和碳排放，增加建筑的自给自足和绿色性能。风力发电可以有效地替代传统的化石能源，减少建筑对煤、油、气等能源的消耗和依赖，降低建筑的运行成本和环境负担，有利于建筑的节能和低碳。风力发电还可以提高建筑的电力供应的稳定性和可靠性，减少建筑对外部电网的依赖和干扰，提高建筑的自主性和灵活性。

风力发电的缺点是受到风速、风向、季节、地形等因素的影响，其发电量和质量不稳定、不连续、不均匀。风力发电的成本高，需要投入较多的资金和人力，建造和维护风力发电设备，如风车、发电机、变压器、输电线等。风力发电还可能导致建筑的视觉和声学的影响，影响建筑的美观性和舒适性。

风力发电的应用范围主要是高密度、高层、高能耗等建筑，尤其是在风能资源丰富、电力需求较大的地区和建筑。风力发电的应用效果取决于风力发电设备的设计和控制，需要综合考虑风能的分布和特性、风力发电设备的性能和参数、建筑的用电需求和条件，以实现最佳的发电效果。

高层建筑物之间的风力发电原理（图 5 - 14）是空气从建筑物一侧进入，贯穿内部，从另一侧流出，利用穿堂风进行发电。用这种方法可比普通风力发

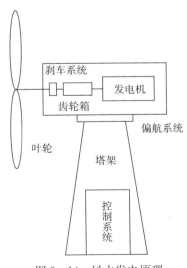

图 5 - 14　风力发电原理

电机多发出 25％的电能。但因为楼群是固定的，不会随风转向，只要风的入射角达到 50 度。就可以发出与普通发电机等同的电能。

在建筑物楼顶发电是在屋顶安装小型发电机进行发电，同时可以减少 CO_2 的排放量。垂直轴风力发电机组适宜风电与建筑一体化，具备低启动风速、无噪声，效能高于传统风机 10％～30％，安全性好，易于维护。中国首个此类项目为上海天山路 3 千瓦风机，2009 年 9 月启用，实测启动风速超预期，发电稳定，结合光伏电池，成为上海风光互补供电的标杆，推动国内风电一体化领域发展。

3. 地热能

地热能是由地壳抽取的天然热能，这种能量来自地球内部的熔岩，并以热力形式存在。人类很早以前就开始利用地热能，如利用温泉沐浴、医疗，利用地下热水取暖、建造农作物温室、水产养殖、烘干谷物等。地热能是一种新的洁净能源，在当今人们的环保意识日渐增强和能源日趋紧缺的情况下，对地热资源的合理开发利用已越来越受到人们的青睐。

在建筑领域地热能的应用一般是浅层地热能，浅层地热能指的是地球表面以下一定深度范围内（恒温带至 200 米埋深）具备一定的开发价值的地球内部的热能资源，其温度一般在 25 摄氏度以下。浅层地热能目前主要通过热泵技术进行采集，可用于建筑物供热、制冷和制备生活热水等。浅层地热能在地球上储量大、分布广，并且能够迅速再生，具有较大的利用价值。目前，中国对浅层地热能的开发，不但可以实现为建筑供暖，同时也减少了污染物的排放，对环境保护起着积极的作用。相应的技术有地源（水源）热泵建筑一体化技术、太阳能与地源热泵综合应用技术等。

热泵是一种通过做功来实现热量从低温介质流向高温介质的装置。地源热泵是以岩土体、地层土壤、地下水或地表水为低温热源，由地源（水源）热泵机组、地热能交换系统、建筑物内系统组成的供热中央空调系统，其原理如图 5-15 所示。根据低温热源的不同，地源热泵主要包括地表水源热泵、地下水源热泵、土壤耦合热泵、污水源热泵、海水源热泵等。

太阳能地源热泵综合系统结合了太阳能和土壤热两种能源，是太阳能与地热能综合利用的一种方式。这一系统利用太阳能和土壤热之间的互补性，太阳能不仅能提高土壤源热泵入口流体的温度，从而提升系统效率，而且还能弥补太阳能的不连续性，确保热泵在阴雨天和夜间仍能有效运行。此外，土壤还可以临时储存日间多余的太阳能，这不仅有助于恢复土壤温度，还可以减少对其他辅助热源或储热设备的依赖。图 5-16 为太阳能土壤源热泵系统结构原理示意。

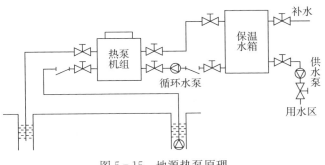

图 5-15　地源热泵原理

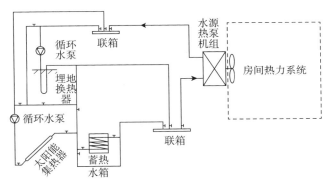

图 5-16　太阳能土壤源热泵系统结构原理示意

（二）新型节能措施

1. 建筑通风

（1）屋顶的节能设计。屋顶是建筑物与外界空气接触的最大的表面，它的设计对建筑通风的效果有重要的影响。屋顶的节能设计可以从以下几个方面进行。

屋顶的形状。屋顶的形状可以影响空气的流动和压力分布，从而影响建筑物内部的通风效果。一般来说，屋顶的形状应该与风向相一致，以利用风力进行通风。例如，倾斜的屋顶可以产生升力，促进空气的上升流动；弧形的屋顶可以减少风阻，增加空气的流速；多层的屋顶可以形成多个空气层，提高空气的隔热性能。

屋顶的材料。屋顶的材料可以影响屋顶的热传导、热容、热辐射和热反射等性能，从而影响屋顶的热平衡和通风效果。一般来说，屋顶的材料应该具有低的热传导系数、高的热容、低的热辐射率和高的热反射率，以减少屋顶的热损失和热增益。例如，绿色屋顶可以利用植物的蒸发降温、光合作用和遮阴效果，降低屋顶的表面温度和空气温度；太阳能屋顶可以利用太阳能进行发电或供暖，减少对外部能源的依赖；白色屋顶可以利用高反射率的材料，反射太阳光，降低屋顶的吸热量。

屋顶的通风设施。屋顶的通风设施可以通过开口、通道、风机等方式，实现屋顶与外界空气的交换，从而影响建筑物内部的通风效果。一般来说，屋顶的通风设施应该根据建筑物的功能、气候和用户的需求，选择合适的类型、位置、大小和数量，以达到最佳的通风效果。例如，屋顶的天窗、天井、风塔等可以利用自然通风的原理，通过温差和风压的作用，实现屋顶与室内空气的交换；屋顶的风机、风口、风管等可以利用机械通风的原理，通过人为控制的方式，实现屋顶与室内空气的交换。

（2）墙体的节能设计。墙体是建筑物与外界空气接触次大的表面，它的设计也对建筑通风的效果有重要的影响。墙体的节能设计可以从以下两个方面进行：建筑体的双层幕墙和幕墙设计。

①建筑体的双层幕墙。双层幕墙是指在建筑物的外墙外再加一层透明或半透明的玻璃幕墙，形成一个中间的空气层，从而提高建筑物的隔热和通风性能。双层幕墙的节能设计可以从以下两个方面进行：第一，双层幕墙的结构。双层幕墙的结构可以影响空气层的厚度、形状和密封性，从而影响空气层的热传导和对流等性能。一般来说，双层幕墙的结构应该根据建筑物的形式、结构、气候和用户的需求，选择合适的类型、形式和尺寸，以达到最佳的节能效果。例如，双层幕墙可以采用单层玻璃、双层玻璃、中空玻璃、低辐射玻璃等不同的材料，以改善玻璃的热传导和热辐射性能；双层幕墙可以采用平面、曲面、折面、波浪面等不同的形状，以改善空气层的对流和通风性能；双层幕墙可以采用固定、可开启、可调节等不同的方式，以改善空气层的密封和控制性能。第二，双层幕墙的功能。双层幕墙的功能可以影响空气层的温度、湿度、光照和声音等性能，从而影响建筑物内部的热舒适、空气质量、视觉舒适和声学舒适等性能。一般来说，双层幕墙的功能应该根据建筑物的功能、气候和用户的需求，选择合适的设备、材料和控制系统，以达到最佳的功能效果。例如，双层幕墙可以利用空气层进行太阳能的收集、存储和利用，以减少对外部能源的依赖；双层幕墙可以利用空气层进行空气的过滤、净化和调节，以提高空气的质量和湿度；双层幕墙可以利用空气层进行光线的调节、分散和反射，以改善光线的强度和分布；双层幕墙可以利用空气层进行声音的吸收、隔断和衰减，以改善声音的清晰度和舒适度。

②幕墙设计。幕墙是指建筑物的外墙，它的设计对建筑物的外观、风格、

特征和形象有重要的影响。幕墙的节能设计可以从以下两个方面进行：第一，幕墙的材料。幕墙的材料可以影响幕墙的热传导、热容、热辐射和热反射等性能，从而影响幕墙的热平衡和通风效果。一般来说，幕墙的材料应该具有低的热传导系数、高的热容、低的热辐射率和高的热反射率，以减少幕墙的热损失和热增益。例如，幕墙可以采用金属、玻璃、石材、陶瓷、木材、塑料等不同的材料，以满足不同的外观、风格、特征和形象的需求；幕墙可以采用不同的颜色、纹理、图案、透明度等不同的处理方式，以满足不同的光照、视觉、美学等需求。第二，幕墙的开口。幕墙的开口可以影响幕墙与外界空气的交换，从而影响建筑物内部的通风效果。一般来说，幕墙的开口应该根据建筑物的功能、气候和用户的需求，选择合适的类型、位置、大小和数量，以达到最佳的通风效果。例如，幕墙的窗户、门、通风口、遮阳板等可以利用自然通风的原理，通过温差和风压的作用，实现幕墙与室内空气的交换；幕墙的风机、风口、风管等可以利用机械通风的原理，通过人为控制的方式，实现幕墙与室内空气的交换。

（3）空间布局设计。空间布局是指建筑物内部的空间的分配、组合、连接和流动，它的设计对建筑物的功能、效率、舒适和美感有重要的影响。空间布局的节能设计可以从以下三个方面进行：第一，空间的功能。空间的功能可以影响空间的使用频率、使用时间、使用人数、使用设备等因素，从而影响空间的热负荷和通风需求。一般来说，空间的功能应该根据建筑物的功能、气候和用户的需求，选择合适的类型、规模和位置，以达到最佳的节能效果。例如，空间可以根据功能的不同，分为公共空间、半公共空间、私人空间等不同的类型，以满足不同的使用需求；空间可以根据规模的不同，分为大空间、中空间、小空间等不同的规模，以满足不同的容纳需求；空间可以根据位置的不同，分为朝南、朝北、朝东、朝西等不同的位置，以满足不同的采光、通风、视野等需求。第二，空间的形状。空间的形状可以影响空间的体积、表面积、比例、方向等因素，从而影响空间的热传导、热容、热辐射和热对流等性能。一般来说，空间的形状应该根据建筑物的形式、结构、气候和用户的需求，选择合适的形状、比例和方向，以达到最佳的节能效果。例如，空间可以采用方形、圆形、长方形、梯形等不同的形状，以满足不同的空间效率、空间感受、空间变化等需求；空间可以采用不同的比例，如黄金比例、银比例、根号二比例等，以满足不同的空间协调、空间美感、空间节奏等需求；空间可以采用不同的方向，如水平、垂直、斜向、曲向等，以满足不同的空间动态、空间张力、空间流动等需求。第三，空间的组合。空间的组合可以影响空间之间的关系、联系、层次和序列，从而影响空间的功能、效率、舒适和美感。一般来说，空间的组合应该根据建筑物的功能、气候和用户的需求，选择合适的方式、模式和原则，以达到最佳的节能效果。例如，空间可以采用不同的方式，如并列、重叠、穿插、包裹等，以满足不同的空间关系、空间联系、空间层次和空间序列的需求；空间可以采用不同的模式，如中心、轴线、网格、集群等，以满足不同的空间秩序、空间结构、空间逻辑和空间灵活性的需求；空间可以采用不同的原则，如对称、对比、节奏、变化等，以满足不同的空间平衡、空间鲜明、空间和谐和空间丰富的需求。

2. 被动式建筑

（1）被动式建筑的定义。被动式建筑是一种高效的建筑设计理念，它通过优化建筑的形态、方向、结构、材料、设备等，使建筑能够主动地适应环境的变化，减少对外部能源的依赖，提高室内的舒适度和健康度。被动式建筑的目标是实现"零能耗"或"近零能耗"，即建筑在一年内所需的能源总量不超过其自身可再生能源的产量。

（2）被动式建筑的基本措施。

①采用被动式建筑节能技术。被动式建筑节能技术是指利用自然的光照、风力、温度等因素，以及建筑的形状、朝向、颜色等特性，来调节建筑的热量、湿度、气流等参数，从而减少对人工空调、照明、通风等设备的需求。例如，通过设置遮阳板、百叶窗、天窗等，可以有效地控制建筑的日照量和遮阳率；通过设置绿化屋顶、墙体、庭院等，可以有效地降低建筑的表面温度和反射率；通过设置通风口、烟囱、风塔等，可以有效地促进建筑的自然通风和对流。

②外围护结构，一般而言，隔热、保温层比较厚。外围护结构是指建筑的外墙、屋顶、地面等，它是建筑与外部环境的分界面，也是建筑热能的主要传递途径。为了减少建筑的热损失或热增益，需要提高外围护结构的隔热性能和保温性能，一般而言，需要增加隔热、保温层的厚度，选择低导热系数的材料，如泡沫、岩棉、膨胀珍珠岩等。

③优越的窗户性能。窗户是建筑的重要组成部分，它不仅可以提供自然光照和通风，还可以提供景观和视觉舒适。然而，窗户也是建筑热能的主要传递途径之一，因此，需要提高窗户的性能，以减少热损失或热增益，提高光照效率和遮阳效果。一般而言，需要选择高性能的玻璃，如中空玻璃、低辐射玻璃、涂层玻璃等，以及高性能的窗框，如塑料、铝合金、木材等，同时，需要合理地确定窗户的大小、位置、朝向等。

④建筑结构无热桥。热桥是指建筑结构中存在导热性能不均匀的部分，如墙体与梁柱的连接处、窗框与墙体的连接处等，它会导致建筑的热损失或热增

益增加，降低建筑的隔热性能和保温性能。为了消除或减少热桥的影响，需要采用无热桥的建筑结构，即在热桥处设置隔热材料或断开导热路径，如使用隔热垫、隔热嵌件、隔热螺栓等。

⑤换气系统。换气系统是指为建筑提供新鲜空气和排出污染空气的设备，它是保证建筑的室内空气质量和健康的重要因素。然而，换气系统也会导致建筑的热损失或热增益，因此，需要提高换气系统的效率，以减少能源消耗，提高空气质量。一般而言，需要选择高效的换气设备，如热回收换气机、地源热泵换气机等，以及高效的换气方式，如全热交换、地埋管换气等。

3. 绿色屋顶

绿色屋顶是在平坦的或倾斜的屋顶上面覆盖着植物、药草或草。绿色屋顶有时也被称为生态屋顶、植被的屋顶、生活的屋顶或草皮屋顶。

绿色屋顶通常种植草或景天，也可以种植其他类型的植物，每一种都有不同的外观、功能和好处。

屋顶绿化工程可以分为草坪式、组合式、花园式。

（1）草坪式绿色屋顶。草坪式绿色屋顶是指在屋顶上铺设一层薄的土壤，种植耐旱、耐寒、耐瘠的草本植物，形成一片绿色的草坪。草坪式绿色屋顶的优点是施工简单，成本低，维护方便，能有效地降低屋顶的温度，减少空调的使用，节约能源，同时也能吸收雨水，减少径流，防止城市内涝。草坪式绿色屋顶的缺点是植物种类单一，景观效果一般，不能满足人们的多样化需求。

（2）组合式绿色屋顶。组合式绿色屋顶是指在屋顶上种植不同高度、形态、颜色、花期的多种植物，形成丰富多彩的植物组合，增加屋顶的生物多样性和美感。组合式绿色屋顶的优点是景观效果好，能创造出不同的风格和氛围，如森林、草原、花园等，给人们带来视觉和心理的享受，同时也能提供更多的生态功能，如净化空气、吸收噪声、提供栖息地等。组合式绿色屋顶的缺点是施工复杂，成本高，维护困难，需要专业的设计和管理，否则容易出现植物死亡、病虫害、水土流失等问题。

（3）花园式绿色屋顶。花园式绿色屋顶是指在屋顶上建造一些固定或移动的花盆、花箱、花架等设施，种植各种观赏性强的花卉、灌木、盆景等植物，形成一个小型的花园。花园式绿色屋顶的优点是灵活性高，能根据个人的喜好和需求，随时调整植物的种类、位置、组合，创造出个性化的空间，同时也能增加屋顶的利用率，提供休闲、娱乐、教育等功能。花园式绿色屋顶的缺点是占用空间大，重量大，对屋顶的承重能力和防水性能要求高，而且花卉等植物的生长周期短，需要经常更换，费用高，维护麻烦。

（三）主动式节能技术

能源设备系统服务建筑运行保障室内舒适度要求，常被称为主动式系统，普遍采用包括暖通空调、人工照明、插座设备、楼宇公用设备等在内的电能消耗作为计量范围。研究显示，暖通空调、电气照明分别占建筑总能耗的40%～60%和20%～30%，占比较高，节能潜力巨大。混合通风技术及其控制策略、使用者行为等研究、机械通风中的变风量空调系统（VAV）、变容量调节系统（VRF）、变速驱动等主动式技术在近零能耗建筑研究中较多。照明系统方面，降低耗能的一般方法是采用高效的节能设备技术和自然采光策略，LED节能灯具已广泛应用于建筑节能，当前多传感器和无线通信技术、日光集成的开关调光控制策略等是研究热点，可以在高能效节能设备的基础上自动控制调节以进一步降低能耗，可实现节能22%。此外，采用渐进式能源管理优化建筑整体能源消耗，对于降低建筑耗能具有积极作用。主动式技术应用方面，超低能耗建筑主要集中于提升用能系统整体能效。在64栋示范建筑中主要应用的主动式技术如图5-17所示。

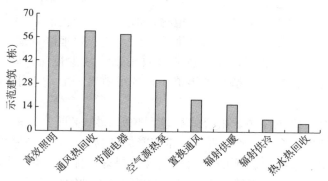

图5-17 示范项目主动式技术措施统计

1. 高效照明技术

高效照明技术是指照明系统通过调光技术（智能化可调光系统）、改善光源效率及选择适当的照明系统投放方式来实现能源的高效利用。

从1879年爱迪生发明的白炽灯，到1938年美国通用电子公司的伊曼发明了节电的荧光灯，再发展到紧凑型节能灯，发展到如今已经有了半导体照明。半导体照明，通常被称为LED节能灯，是基于半导体二极管原理，将电能转换为光能的照明设备。相比传统的白炽灯泡和荧光灯，LED灯具备低能耗、高可靠性、长寿命和环保等显著优势。在正常使用条件下，半导体灯具可以持续使用长达50年，且其废弃物可被回收利用，几乎不造成环境污染。LED (light emitting diode)，即发光二极管，是一种半导体固体发光器件，它是利用固体半导体芯片作为发光材料，当两端加上正向电压，半导体中的载流子发生复合引起光子发射而产生光。LED 可以直接发出红、黄、蓝、绿、青、橙、紫、白色的光。目前，LED 照明光源的主流是高亮度的白光 LED。LED 节能灯的特点主要包括高效节能，光效率高；超长寿命；健康，保护视力；绿色环保；安全系数高；适用范围广。LED 节能灯的节能效果如表 5 - 10 所示。

表 5 - 10 LED 节能灯的节能效果

类别	功率（瓦特）	光照度（勒克斯）	年耗电量（千瓦时）	单度电费用（元）	年用电费用（元）
普通白炽灯	60	150	525.60	0.8	420.480
普通节能灯	24	170	210.24	0.8	168.192
LED 节能灯	12	200	105.12	0.8	84.096

从表 5 - 10 中可以看出，LED 灯比普通节能灯一年节省费用 50%，比普通白炽灯一年可节省费用 80%。

2. 通风热回收技术

（1）空调冷水机组余热回收。空调冷水机组是指用于制冷的设备，它通过压缩制冷剂，使之在蒸发器和冷凝器之间循环，从而吸收和释放热量。空调冷水机组在运行过程中，会产生大量的余热，这些余热通常被排放到外界，造成能源的浪费。空调冷水机组余热回收技术是指通过设置热交换器，将空调冷水机组的余热用于供暖、热水、干燥等用途，从而提高能源的利用效率。空调冷水机组余热回收技术可以节省约 30% 的能源消耗，同时也可以减少温室气体的排放。

（2）排风和空气处理能量回收。排风和空气处理能量回收技术是指通过设置热交换器，将建筑物内部的排风和外部的新风之间的热量进行交换，从而降低空气处理系统的能耗。排风和空气处理能量回收技术可以分为两种：传感式热交换器和回转式热交换器。传感式热交换器是指通过固定的金属或塑料板，将新风和排风之间的热量进行传导交换。回转式热交换器是指通过旋转的蜂窝状的热储存介质，将新风和排风之间的热量进行传递交换。排风和空气处理能量回收技术可以节省约 40% 的能源消耗，同时也可以提高室内的空气质量。

（3）空气处理过程中的能量回收。中央空调系统空气处理过程中的能量具有很高的回收潜力。与传统一次回风空调器系统相比，空调系统制冷量由热管中的蒸发器部分的交换冷量和制冷器部分的冷量组成，从而有效节省了空调能耗。

3. 节能电器技术

节能电器的定义是低碳环保同时还能节约电费的电器。节能电器技术指的是通过设计制造节能电器和搭配相关使用方法达到节约能源的目的。下面介绍相关电器的节能技术。

（1）洗衣机。洗衣机的能耗主要包括水耗、电耗和热耗。节能洗衣机技术是指通过以下几种方式，降低洗衣机的能耗：①采用变频电机，根据洗涤的需要，自动调节洗衣机的转速和时间，来节省电能。②采用智能控制，根据衣物的种类、数量和污垢程度，自动选择最佳的洗涤程序和水量，来节省水能和化学剂。③采用热泵技术，利用空气中的热量，为洗衣机提供热水，来节省热能。④节能洗衣机技术可以节省约50％的能源消耗，同时也可以保护衣物的质量和颜色。

（2）空调。节能空调技术是指通过以下几种方式，降低空调的能耗：①冬季时有暖气的家庭是很少开空调的，但一天当中暖气总有一些时段的温度是比较低的，因此有些家庭还是会临时开启空调来提升室温。由于空调在启动时的瞬间电流较大，所以频繁开关空调是很费电的，而且容易损坏压缩机。②空调在工作了一个夏天后过滤网会积累很多的灰尘，太多的灰尘会塞住网孔，使空调运转时加倍费力，因此要注意及时清理。

（3）电冰箱。电冰箱的能耗主要包括电耗和热耗。节能电冰箱技术是指通过以下几种方式，降低电冰箱的能耗：①采用变频压缩机，根据冰箱内部的温度和外部的环境，自动调节压缩机的运行速度和时间，从而节省电能。②采用真空绝热层，利用真空的隔热性能，减少冰箱的热损失，从而节省热能。③采用智能控制，根据食物的种类、数量和保存期限，自动调节冰箱的温度和湿度，从而节省能源和延长食物的保鲜时间。④节能电冰箱技术可以节省约40％的能源消耗，同时也可以保证食物的新鲜和安全。

（4）电视机。电视机的能耗主要包括电耗和光耗。节能电视机技术是指通过以下几种方式，降低电视机的能耗：①采用LED背光，利用发光二极管的高效率和低功耗，为液晶屏提供均匀和明亮的背光，从而节省电能和提高画质。②采用OLED显示，利用有机发光材料的自发光特性，无须背光，来节省电能和提高对比度。③采用智能控制，根据观看的内容、环境的光线和用户的偏好，自动调节电视机的亮度、色彩和声音，来节省能源和提高观看体验。④节能电视机技术可以节省约30％的能源消耗，同时也可以保护用户的视力和听力。

4. 空气源热泵技术

空气源热泵技术是一种利用空气作为热源或热库的技术，可以实现空气和建筑之间的热量转移，从而达到供暖或制冷的目的。空气源热泵技术的优点是，它可以利用空气中的低品位能源，提高能源利用效率，减少对化石能源的依赖，降低温室气体的排放。空气源热泵技术的缺点是，它受到气候条件的影响，当空气温度过低或过高时，其性能会下降，需要辅助的加热或制冷设备。空气源热泵技术的应用范围包括住宅、商业、公共建筑等，可以与其他节能技术相结合，如太阳能、地源热泵等，以提高系统的可靠性和经济性。

5. 辐射供暖技术

辐射供暖技术是一种利用热辐射原理，通过发射器向室内空间或人体直接传递热量的供暖方式。辐射供暖技术的优点是能够提高热效率，节省能源，改善室内热环境，降低空气污染，减少噪声，提高舒适度等。辐射供暖技术的主要形式包括电辐射供暖、水辐射供暖和气辐射供暖等。

电辐射供暖是利用电能转化为热能，通过电热发射器向室内空间或人体发射热辐射的供暖方式。电辐射供暖的优点是安装方便，控制灵活，运行成本低，无须燃料和锅炉等设备。电辐射供暖的缺点是电能消耗较大，对电网负荷有一定影响，需要保证电力供应的稳定性和安全性。电辐射供暖的主要形式包括电热膜、电热线、电热板、电热管、电热片等。

水辐射供暖是利用水作为热媒，通过水热发射器向室内空间或人体发射热辐射的供暖方式。水辐射供暖的优点是热量分布均匀，温度调节方便，适用范围广，可与其他供暖方式结合使用。水辐射供暖的缺点是需要较大的水循环系统，占用空间较多，安装成本较高，维护管理较复杂。水辐射供暖的主要形式包括地板辐射供暖、墙面辐射供暖、天花板辐射供暖、辐射板等。

气辐射供暖是利用气体作为热媒，通过气热发射器向室内空间或人体发射热辐射的供暖方式。气辐射供暖的优点是热量传递快，温度高，适用于高大空间的供暖，可与空气换热结合使用。气辐射供暖的缺点是需要较高的气压，安全隐患较大，对空气质量有一定影响，需要配备排烟和排气设备。气辐射供暖的主要形式包括气体辐射管、气体辐射板、气体辐射炉等。

6. 辐射供冷技术

辐射供冷的主要形式包括水辐射供冷和电辐射供冷。

水辐射供冷是利用水作为冷媒，通过水冷发射器向室内空间或人体发射冷辐射的供冷方式。水辐射供冷的优点是冷量分布均匀，温度调节方便，适用范围广，可与其他供冷方式结合使用。水辐射供冷的缺点是需要较大的水循环系统，占用空间较多，安装成本较高，维护管理较复杂。水辐射供冷的主要形式包括地板辐射供冷、墙面辐射供冷、天花板辐射供冷、辐射板等。

电辐射供冷是利用电能转化为冷能，通过电冷发射器向室内空间或人体发射冷辐射的供冷方式。电辐射供冷的优点是安装方便，控制灵活，运行成本低，无须燃料和锅炉等设备。电辐射供冷的缺点是电能消耗较大，对电网负荷有一定影响，需要保证电力供应的稳定性和安全性。电辐射供冷的主要形式包括电冷膜、电冷线、电冷板、电冷管、电冷片等。

7. 热水热回收技术

热水热回收技术是一种利用废弃热水中的热能，通过热交换器将其回收利用的技术。热水热回收技术的优点是能够节约能源，减少能源消耗，降低能源成本，减少 CO_2 排放，保护环境等。热水热回收技术的主要形式包括热泵热回收、换热器热回收和热水器热回收等。

热泵热回收是利用热泵原理，将废弃热水中的低品位热能提升为高品位热能，用于供暖或供热的技术。热泵热回收的优点是能够提高热能利用率，适用于各种废弃热水的回收，可与其他供暖或供热方式结合使用。热泵热回收的缺点是需要消耗一定的电能，对电网负荷有一定影响，需要保证电力供应的稳定性和安全性。热泵热回收的主要形式包括空气源热泵、水源热泵、地源热泵等。

换热器热回收是利用换热器原理，将废弃热水中的热能与新鲜水或其他流体进行热交换，用于供暖或供热的技术。换热器热回收的优点是能够降低热能损失，适用于各种废弃热水的回收，换热器热回收的缺点是需要安装换热器设备，占用空间较多，安装成本较高，维护管理较复杂。换热器热回收的主要形式包括板式换热器、管式换热器、螺旋式换热器等。

热水器热回收是利用热水器原理，将废弃热水中的热能与新鲜水进行热交换，用于供热或供冷的技术。热水器热回收的优点是能够提高热水器的效率，节约水资源，减少水污染，适用于各种热水器的回收，可与其他供热或供冷方式结合使用。热水器热回收的缺点是需要安装热水器设备，占用空间较多，安装成本较高，维护管理较复杂。热水器热回收的主要形式包括电热水器、气热水器、太阳能热水器等。

8. 电气设备系统设计

电气设备系统设计是超低能耗绿色建筑设计的重要组成部分，它涉及建筑的照明、通风、空调、电梯、消防、安防等多个方面，直接影响到建筑的能耗水平和使用舒适度。为了实现电气设备系统的节能优化，我们需要从以下几个方面进行考虑：

（1）设计原则。电气设备系统设计应遵循实际应用、经济效益、技术合理的原则，既满足建筑的功能需求和安全标准，同时考虑成本效益和技术可行性，避免过度设计或低效设计。

（2）设备选择。电气设备系统设计应选择高效节能的设备，如可变频电机、软启动器、节能型变压器、LED 灯具等，以降低设备的运行功耗和维护成本。

（3）系统简化。电气设备系统设计应简化供电系统，减少电压变配电级数，以降低系统的复杂度和电压损失。同时，应合理分布供电网络，优化线路布局，降低线路电损和电磁干扰。

（4）导线优化。电气设备系统设计应采用铜芯导线，因为铜芯导线的电阻小，导电性能好，能耗低。此外，应尽量减少导线长度，增大导线截面，以降低导线的电阻和发热，提高导线的安全性和可靠性。

（5）控制策略。电气设备系统设计应采用智能控制策略，如定时控制、感应控制、远程控制等，以实现设备的按需运行，避免无效耗电。同时，应利用信息化手段，如物联网、云计算、大数据等，对电气设备系统进行监测、分析、优化，以提高系统的运行效率和管理水平。

9. 建筑能耗控制系统设计

建筑能耗控制系统是近零能耗建筑的核心技术之一，它通过对建筑的热、光、电、气等能源进行有效的控制，实现建筑的能源平衡和室内环境的舒适性。为了评价不同的建筑能耗控制系统的性能，我们需要对其进行能耗值的计算和对比，以找出最优的控制方案。本书将介绍四种建筑能耗控制系统的设计思路和能耗值的计算方法。

（1）基于模糊 PID 的近零能耗建筑能耗控制系统。该系统利用模糊逻辑对建筑的能耗参数进行模糊化处理，然后通过比例积分微分控制（PID）控制器对模糊输出进行反模糊化处理，得到控制信号，从而实现对建筑能耗的精确控制。该系统的优点是能够适应建筑能耗的非线性和不确定性，具有较高的控制精度和响应速度。

（2）基于 BIM 的近零能耗建筑能耗控制系统。该系统利用建筑信息模型（BIM）对建筑的几何、物理、功能等信息进行全面的建模和仿真，然后通过与能耗计算软件的联合运行，得到建筑的能耗值，从而实现对建筑能耗的预测和控制。该系统的优点是能够提供建筑的全生命周期的能耗信息，具有较高的可视化和可交互性。

（3）基于指标控制的近零能耗建筑能耗控制系统。该系统利用建筑能耗指标，如单位面积能耗、单位时间能耗、单位人口能耗等，作为控制目标，然后通过调节建筑的能源供需，实现建筑能耗的控制。该系统的优点是能够根据不同的控制目标，采用不同的控制策略，具有较高的灵活性和适应性。

（4）多参数联合控制系统。该系统综合了以上三种控制系统的优点，通过对建筑能耗的多个参数进行联合控制，实现建筑能耗的最优化。该系统的优点是能够充分考虑建筑能耗的多方面因素，具有较高的综合性和优化性。

为了计算不同控制系统的能耗值，我们需要利用能耗计算软件，如DeST、eQuest、EnergyPlus 等，对建筑的能耗进行模拟和分析，得到建筑的能耗数据，然后进行对比和评价。通过仿真验证，本书发现，基于模糊 PID的近零能耗建筑能耗控制系统的能耗值最低，其次是多参数联合控制系统，再次是基于 BIM 的近零能耗建筑能耗控制系统，最后是基于指标控制的近零能耗建筑能耗控制系统。这说明，基于模糊 PID 的近零能耗建筑能耗控制系统具有最好的控制效果，是近零能耗建筑的最佳选择。

第四节　低碳建筑的发展前景

"双碳"目标是中国为保护世界环境和坚持可持续发展战略做出的庄严承诺。因此，以低碳视角探寻建筑行业的发展前景，为早日实现"双碳"目标提供实际可用的低碳建筑技术是很有必要的。

一、建筑节能标准发展前景

建筑节能是实现"双碳"目标的重要途径之一。2022 年 3 月，住房和城乡建设部印发《"十四五"建筑节能与绿色建筑发展规划》提出，到 2025 年，完成既有建筑节能改造面积 3.5 亿米² 以上，建设超低能耗、近零能耗建筑0.5 亿米² 以上，装配式建筑占当年城镇新建建筑的比例达到 30%，全国新增建筑太阳能光伏装机容量 0.5 亿千瓦以上，地热能建筑应用面积 1 亿米² 以上，城镇建筑可再生能源替代率达到 8%，建筑能耗中电力比例超过 55%。特别是在绿色低碳方面，相关标准要为零碳技术、零碳社区、碳足迹核查等提供有力的帮助。建筑节能标准未来的发展可以从以下几个方面简要概括。

（一）针对建筑节能标准，需要提标准、扩范围

建筑节能标准是指导和规范建筑节能设计、施工、运行和评价的技术规范。目前，我国已经建立了以《居住建筑节能设计标准》（DB34/T 1466—2023）、《公共建筑节能设计标准》（DB34/T 5076—2023）为核心的建筑节能标准体系，涵盖了不同气候区、不同功能、不同建筑类型的建筑节能要求。然而，随着建筑节能技术的发展和建筑能耗的增加，现有的建筑节能标准已经不能满足"双碳"目标的需要，需要进一步提高标准的水平和范围。具体而言，需要做

到以下几点：

（1）提高建筑节能设计标准的要求，增加建筑节能性能的指标，如建筑外壳的综合传热系数、建筑的能耗强度、建筑的碳排放强度等，以及建筑节能技术的应用要求，如可再生能源的利用率、建筑智能化的水平、建筑热舒适度的保障等。

（2）扩大建筑节能标准的适用范围，包括新建建筑、改造建筑、存量建筑、乡村建筑等不同类型的建筑，以及不同的建筑部位，如屋顶、墙体、窗户、门、地面等，以及不同的建筑系统，如供暖、通风、空调、照明、给排水、电力等。

（3）建立建筑节能标准的动态更新机制，根据建筑节能技术的进步和建筑能耗的变化，定期修订和完善建筑节能标准，使之能够适应不同的时代背景和社会需求。

（二）针对建筑运行维护环节，需要加强质量把控

建筑运行维护是影响建筑节能效果的关键环节。即使建筑在设计和施工阶段符合节能标准，如果在运行维护阶段出现能耗浪费或设备故障，也会导致建筑节能目标的落空。因此，需要加强建筑运行维护环节的质量把控，确保建筑节能性能的持续和稳定。具体而言，需要做到以下几点：

（1）建立建筑节能运行维护的标准和规范，明确建筑运行维护的目标、内容、方法、周期、责任等，提供建筑运行维护的技术指导和管理支持。

（2）建立建筑节能运行维护的监测和评价体系，利用建筑能耗监测平台、建筑能效评价工具等，对建筑的能耗、设备、环境等进行实时监测和定期评价，及时发现和解决建筑运行维护中的问题和隐患。

（3）建立建筑节能运行维护的激励和约束机制，通过建筑能效标识、建筑节能奖励、建筑节能惩罚等，对建筑运行维护的主体和参与者进行激励和约束，形成建筑节能运行维护的良好氛围和习惯。

（三）针对建筑碳足迹，需要全过程指导

建筑碳足迹是指建筑在其生命周期内，直接或间接产生的温室气体排放的总量。建筑碳足迹是衡量建筑对气候变化影响的重要指标，也是实现"双碳"目标的核心内容。因此，需要对建筑碳足迹进行全过程的指导，从源头控制建筑的碳排放，推动建筑向零碳方向发展。具体而言，需要做到以下几点：

（1）建立建筑碳足迹的核算和披露标准，明确建筑碳足迹的定义、范围、方法、数据、报告等，提供建筑碳足迹的核算和披露的技术支持和信息平台。

（2）建立建筑碳足迹的减排和补偿标准，明确建筑碳足迹的目标、措施、效果、证书等，提供建筑碳足迹的减排和补偿的技术方案和市场机制。

（3）建立建筑碳足迹的监督和评估标准，明确建筑碳足迹的责任、机构、流程、结果等，提供建筑碳足迹的监督和评估的技术手段和管理措施。

（四）针对标准合理性，需要同国际接轨

建筑节能标准的合理性是影响建筑节能效果的重要因素。如果建筑节能标准过高或过低，都会导致建筑节能的成本效益不高，甚至引发建筑节能的逆向效应。因此，需要根据国际的建筑节能标准和实践，对我国的建筑节能标准进行比较和借鉴，提高建筑节能标准的合理性和适用性。具体而言，需要建立建筑节能标准的国际对比和交流机制，了解和学习国际上先进的建筑节能标准和经验，对我国的建筑节能标准进行评价和改进，提高建筑节能标准的国际影响和参与度。

二、建筑节能标准的意义和价值

建筑节能标准的发展不仅是实现"双碳"目标的必要条件，也是提升建筑品质和效益的重要途径。建筑节能标准的意义和价值可以从以下几个方面体现。

（一）建筑节能标准有利于降低建筑能耗和碳排放

建筑节能标准是指导和规范建筑节能的技术规范，通过提高建筑的节能性能，降低建筑的能耗强度和碳排放强度，从而减少建筑对能源和环境的消耗和影响。据统计，我国建筑能耗占一次能源消费的比重约为40%，建筑碳排放占全国碳排放总量的比重约为30%。如果按照现有的建筑节能标准执行，2030年，我国建筑能耗会比2015年下降15%，建筑碳排放将比2015年下降18%。如果按照更高的建筑节能标准执行，2030年，我国建筑能耗会比2015年下降25%，建筑碳排放将比2015年下降30%。可见，建筑节能标准对于降低建筑能耗和碳排放，实现"双碳"目标，具有重要的作用和意义。

（二）建筑节能标准有利于提高建筑质量和舒适度

建筑节能标准是提升建筑品质和效益的重要途径，通过优化建筑的设计、施工、运行和维护，提高建筑的功能、安全、耐久、美观等方面的水平，从而提高建筑的使用价值和满意度。根据研究，建筑节能标准可以有效地提高建筑的热环境、光环境、声环境、空气质量等，提高建筑的热舒适度、视舒适度、听舒适度、呼吸舒适度等，从而提高建筑的居住和工作的舒适度和健康度。同时，建筑节能标准也可以促进建筑的节水、节材、节地等，提高建筑的资源利用效率和环境适应性，从而提高建筑的生态和社会的责任和贡献。

（三）建筑节能标准有利于推动建筑节能技术和产业的发展

建筑节能标准是推动建筑节能技术和产业的发展的重要动力，通过提出更

高的建筑节能要求和目标，激发建筑节能技术和产品的创新和应用，从而促进建筑节能的普及和提升。建筑节能标准不仅有利于节约能源、减少碳排放、保护环境，而且还有利于提高建筑质量、提高居住舒适度、增加建筑价值、促进经济发展和社会进步。

建筑节能标准的制定和实施，需要建立科学的评价体系和监督机制，以确保建筑节能的效果和质量。同时，需要加强建筑节能的宣传和教育，提高公众的节能意识和参与度，形成建筑节能的良好氛围和社会共识。此外，需要加大建筑节能的政策支持和资金投入，鼓励和引导建筑节能技术和产业的研发和转化，培育和壮大建筑节能的市场和产业链，为建筑节能的发展提供有力的保障和动力。

建筑节能标准是建筑节能的方向和目标，也是建筑节能的动力和保障。建筑节能标准的不断完善和提高，将推动建筑节能技术和产业的不断创新和发展，为建设节能型、低碳型、绿色型的社会和城市做出积极的贡献。

第六章
交通碳中和技术

　　交通运输作为一个重要的行业，其排放量约占我国碳排放总量的 10%。运用碳中和技术不仅可以减少气候变化的负面影响、减少污染物排放，还可以促进交通运输业的技术创新和转型升级，本章将从道路、水路、航空三个领域来探讨碳中和技术。

第一节　交通领域碳排放分析

　　交通领域作为最大温室气体与空气污染物排放源之一，约占全球温室气体排放量的 15%，并保持持续增长。由此可见，在交通领域运用和发展碳中和技术很有必要，本章主要分析全球范围内的交通领域碳排放形势，我国交通碳排放面临的问题和交通低碳发展形势。

一、全球范围内交通领域碳排放形势

　　IEA 发布的《全球能源回顾：2021 年 CO_2 排放》报告指出，2021 年全球能源领域 CO_2 排放量达到 363 亿吨，同比上涨 6%。交通运输领域是 CO_2 的排放"大户"，碳中和的目标对交通运输领域提出了重要要求。交通运输领域的碳排放主要来源于各种交通工具的燃料消耗，包括道路、铁路、航空、航运等各个子领域。根据 IEA 的数据，2021 年全球交通运输领域的碳排放量为 5.1 亿吨，占全球能源领域碳排放的 14%，仅次于能源发电与供热、制造业与建筑业和其他能源行业，位列第四。其中，道路交通是交通运输领域的主要碳排放源，占交通运输领域碳排放的 75%，占全球能源领域碳排放的 10.5%。航空交通是交通运输领域碳排放增长最快的子领域，占交通运输领域碳排放的 12%，占全球能源领域碳排放的 1.7%。航运交通是交通运输领域碳排放最低的子领域，占交通运输领域碳排放的 9%，占全球能源领域碳排放的 1.3%。铁路交通是交通运输领域碳排放最少的子领域，占交通运输领域碳排放的 4%，占全球能源领域碳排放的 0.6%（图 6-1）。

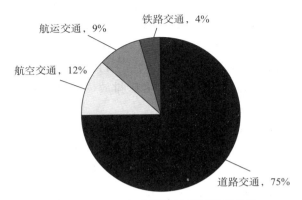

图 6-1　2021 年交通运输领域碳排放量

　　交通运输领域的碳排放在不同国家和地区的分布也存在着差异。根据 IEA 的数据，2021 年全球交通运输领域碳排放的前五位国家分别是美国、中国、印度、俄罗斯和日本，分别占全球交通运输领域碳排放的 24%、11%、7%、5% 和 4%。其中，美国是全球交通运输领域碳排放的第一大国，其交通运输领域碳排放量为 1.2 亿吨，占其全国能源领域碳排放的 29%，是其第一大碳排放源。欧盟是全球交通运输领域碳排放的第二大区域，其交通运输领域碳排放量为 0.8 亿吨，占其全区能源领域碳排放的 23%，是其第二大碳排放源。中国是全球交通运输领域碳排放的第二大国，其交通运输领域碳排放量为 0.6 亿吨，占全国能源领域碳排放的 9%，是全国第四大碳排放源。印度是全球交通运输领域碳排放的第三大国，其交通运输领域碳排放量为 0.4 亿吨，占其全国能源领域碳排放的 13%，是其第三大碳排放源。俄罗斯是全球交通运输领域碳排放的第四大国，其交通运输领域碳排放量为 0.3 亿吨，占其全国能源领域碳排放的 17%，是其第二大碳排放源。日本是全球交通运输领域碳排放的第五大国，其交通运输领域碳排放量为 0.2 亿吨，占其全国能源领域碳排放的 16%，是其第三大碳排放源。

　　交通运输领域的碳排放未来的发展趋势也值得关注。根据 IEA 的预测，到 2030 年，全球交通运输领域的碳排放量将达到 6.5 亿吨，占全球能源领域碳排放的 16%；到 2050 年，全球交通运输领域的碳排放量将达到 8.2 亿吨，占全球能源领域碳排放的 20%。这意味着，交通运输领域的碳排放将在未来 30 年内增长 60%，而全球能源领域的碳排放将在同期内增长 25%。这表明，交通运输领域的碳排放增长速度将远高于全球能源领域的碳排放增长速度，交通运输领域的碳排放占比将不断提高，交通运输领域的碳排放压力将不断加大。交通运输领域的碳排放增长的主要驱动因素是交通需求的增长，尤其是在发展中国家和地区。根据 IEA 的预测，到 2030 年，全球的道路车辆将从现在的 14 亿辆增长到 20 亿辆，全球的航空旅行客运量将从现在的 40 亿人次增长到 80 亿人次，全球的航运货运量将从现在的 110 亿吨增长到 230 亿吨。这些交通需求的增长将导致更多的燃料消耗和碳排放，如果不采取有效的措施，将对全球碳中和目标的实现构成挑战。

综上所述，交通领域碳排放呈现占比大、增速快、达峰慢的特点。随着城镇化和工业化的发展，交通运输领域的刚性需求仍然处于持续增长状态，减少交通运输领域碳排放是全球各个国家共同面临的艰巨任务。

二、我国交通领域碳排放面临的问题

气候变化是当今世界面临的最大挑战之一，也是人类社会的共同责任。为了应对气候变化，全球各国都在努力实现绿色低碳发展，降低温室气体的排放。中国作为世界上最大的发展中国家，也在积极履行自己的国际义务，推进碳达峰、碳中和的目标。交通领域是我国碳排放的重要组成部分，也是我国低碳转型的关键领域。

交通领域的碳排放主要来自交通工具的燃料消耗，尤其是以化石能源为主的石油。我国交通领域的碳排放占全国终端碳排放总量的 15%，是仅次于工业和建筑的第三大碳排放源。其中，道路交通是交通领域的主要碳排放者，占交通领域碳排放总量的 90%。道路交通又分为公路客运和公路货运，分别占道路交通碳排放总量的 42% 和 45%。公路货运的碳排放主要来自货运卡车，而公路客运的碳排放主要来自私家车。私家车的保有量和使用频率直接影响着公路客运的碳排放水平。

我国的私家车保有量和使用频率都在不断增长，这是由于我国经济的快速发展和居民收入的提高，以及城市化和人口流动的加速。私家车的普及率是衡量一个国家或地区汽车消费水平的重要指标，也是影响交通碳排放的重要因素。我国的私家车普及率目前为每千人 200 辆，低于全球平均水平的 350 辆，更低于发达国家的 500 辆。这说明我国的私家车市场还有很大的发展空间，也意味着我国的交通碳排放还有很大的增长潜力。如果按照发达国家的发展模式，我国的私家车保有量将从目前的 3 亿辆增加到 6 亿辆，交通能耗和碳排放也将翻倍，这将对我国的"双碳"目标构成巨大的挑战。

为了解决交通领域的碳排放问题，我国需要采取多种措施，包括优化交通结构、提高交通效率、推广清洁能源、加强交通管理、培育绿色出行文化等。优化交通结构是指通过发展公共交通，鼓励多种交通方式的共享和互联，减少私家车的依赖，提高交通的公共性和多样性。提高交通效率是指通过改善交通基础设施，完善交通规划，利用信息技术，降低交通拥堵，提高交通的畅通性和安全性。推广清洁能源是指通过发展新能源汽车，推进电动化、智能化、网联化替代化石能源，提高交通的清洁性和节能性。加强交通管理是指通过制定合理的交通政策，实施有效的交通监管，引导合理的交通需求，提高交通的合规性和可持续性。培育绿色出行文化是指通过加强交通教育，提高公众意识，塑造良好的交通习惯，提高交通的文明性和责任感。

我国交通领域的碳排放问题是一个复杂的系统问题，需要多方面的协调和配合，也需要长期的努力和坚持。我国交通领域的低碳发展不仅是应对气候变化的必要条件，也是提升我国交通水平和质量的重要机遇。我国交通领域的低碳发展将有利于保护环境、促进经济、改善民生、提升国际形象，实现可持续发展。我国交通领域的低碳发展值得我们共同努力和期待。

三、我国交通领域低碳发展形势

（一）交通运输需求仍将保持增长

随着我国经济社会的快速发展，人民群众的出行需求和物流需求不断增加，交通运输业在国民经济中的地位和作用日益突出。《国家综合立体交通网规划纲要》指出，未来旅客出行需求将稳步增长，高品质、多样化、个性化的需求不断增长，预计2021—2035年旅客出行量（含小汽车出行量）年均增速为3.2%；货物运输需求稳中有升，高价值、小批量、时效强的需求快速攀升，预计2021—2035年，全社会货运量年均增速约为2%，邮政快递业务量年均增速为6.3%。交通运输需求的持续增长，为我国经济社会的繁荣和人民生活的改善提供了有力的支撑，但同时也给交通运输的能源消耗和碳排放带来了巨大的压力。

（二）运输结构调整实现的减排效益需要周期且效益递减

交通运输结构是影响交通运输能源消耗和碳排放的重要因素之一。一般来说，公共交通、铁路、水运等低碳交通方式的能源效率和碳效率高于私人汽车、公路、航空等高碳交通方式。因此，优化交通运输结构，提高低碳交通方式的比重，是降低交通运输能源消耗和碳排放的有效途径。我国政府在此方面做了大量的工作，如国务院办公厅印发《推进多式联运发展优化调整运输结构工作方案（2021—2025年）》，提出了提高铁路货运比重、推广公共交通、发展绿色物流等目标和措施。然而，运输结构调整是一个长期的、复杂的、系统的工程，需要投入大量的资金、技术、人力等资源，需要协调各方的利益和需求，需要克服各种困难和挑战，需要形成良好的政策环境和市场机制。因此，运输结构调整实现的减排效益需要一定的周期，而且随着低碳交通方式的比重逐渐提高，其边际效益也会递减，即减排的成本会逐渐增加，减排的难度会逐渐加大。

（三）交通用能结构调整进程存在技术不确定性

交通用能结构是影响交通运输能源消耗和碳排放的另一个重要因素。目前，我国交通运输的能源消耗主要依赖于化石能源，尤其是石油，其占比超过90％。化石能源的燃烧是交通运输的主要碳排放源，也是导致大气污染的主要原因之一。因此，优化交通用能结构，推广清洁能源和新能源，是降低交通运输能源消耗和碳排放的另一个有效途径。我国政府在此方面也做了大量的工作，如制定了《能源生产和消费革命战略（2016—2030 年）》，提出了提高非化石能源在交通运输能源消费中的比重、推进交通运输电气化、发展氢能等目标和措施。然而，交通用能结构调整的进程存在着技术不确定性，主要表现在以下几个方面：一是清洁能源和新能源的技术水平、成本、效率、安全性、可靠性等方面还有待提高，尤其是在大规模应用和推广方面还面临着诸多技术难题和挑战；二是清洁能源和新能源的供应能力和配套设施的建设水平还有待加强，尤其是在一些偏远地区和复杂环境下还存在着供需不平衡和供应不稳定的问题；三是清洁能源和新能源的生命周期分析和全链条评价还不够完善，尤其是在考虑其对环境和社会的影响方面还缺乏系统的、科学的、客观的方法和标准。

（四）交通领域碳减排资金需求大

交通运输领域与工业和建筑等行业相比碳减排成本更高。目前，交通运输领域采用的碳减排措施主要有公路运输转铁路运输、公路运输转水路运输、淘汰老旧柴油货车。上述碳减排措施存在资金投入大、经济收益小，政府、企业和个体缺乏内生动力等缺点。

第二节　道路交通碳中和

从全球范围的交通影响来看，道路客运交通的碳排放量最大，其次是道路货运交通，船舶和航空的碳排放量分别是道路交通碳排放的 1/2 和 1/4。从我国交通运输领域目前碳排放结构来看，公路是主体，占 85％以上；铁路约占0.7％；水运和航空约占 6％。对照这一结构，我国在推进交通运输低碳转型方面，主要考虑道路、水运和航空三个领域的碳中和技术。

根据前述交通运输领域低碳转型技术分析，道路交通领域的碳中和技术包括传统汽车能效提升技术、汽车清洁能源替代技术和道路交通电气化转型技术。

一、传统汽车能效提升技术

传统汽车能效提升技术涉及内燃机、变速器、车身等方面，呈现内燃机高效化、变速器多挡化、整车轻量化等趋势。

(一) 高效内燃机技术

内燃机是传统汽车动力的核心，因此高效内燃机技术是传统汽车节能技术的核心。从内燃机种类来看，由于柴油机压缩比比汽油机要高得多，因此柴油机比汽油机的油耗要低得多，一般装备柴油机的乘用车比装备汽油机的乘用车节油 18% 左右，柴油机载货汽车比汽油机载货汽车节油 30% 左右。目前，世界各国正在积极推行轻型货车和乘用车的柴油化进程，德国在总质量为 25 吨的载货汽车中有 95% 左右已采用柴油机，日本约为 90%。从内燃机结构来说，压缩比高、完善的供油系统、合理的燃烧室形状、采用高能电子点火系统等都能降低内燃机的油耗。

为了提高内燃机的热效率，关键是组织好进排气过程、喷油过程、燃烧过程，从而减少各种损失。主要措施包括提高压缩比、稀燃技术、直喷技术、增压中冷技术、可变进气技术、改善进排气过程，改善混合气在汽缸中的流动方式、改进点火配置提高点火能量、优化燃烧过程、电控喷射技术、高压共轨技术、绝热发动机等。

缸内直喷是经历化油器、单点电喷、多点电喷技术阶段之后的创造性技术，可以看作是将柴油机的喷油形式移植到汽油机上。缸外喷油的喷油嘴是安装在进气歧管内，缸内直喷则安装在气缸内，燃油喷射和油气混合均在缸内进行，这样可以使油量与油气混合控制更精准，高压燃油在缸内湍流的作用下也混合得更充分，因此燃烧效率大大提高，同时动力表现也更加出色。欧洲小排量涡轮-机械组合增压缸内直喷内燃机应用十分成熟，北美直喷涡轮增压内燃机已经成为主流。

日本广泛采用自然吸气发动机搭配可变气门正时（variable valve timing，简称 VVT）和可变气门正时和升程电子控制系统（variable valve timing and valve lift electronic control system，简称 VTEC）等先进进气技术。VVT 技术可以调节内燃机进气排气系统的重叠时间与正时，降低油耗并提升效率。VTEC 是本田公司的专有技术，它能随内燃机转速、负荷、水温等运行参数的变化，适当地调整配气正时和气门升程，使内燃机在高、低速下均能达到最高效率。

停缸技术也可称为可变排量内燃机或歇缸技术，根据汽车内燃机负载，通过关闭一部分内燃机燃烧室的供油和进排气实现可变排量，以适应不同负载，减少非必要排放。这里的技术难点有两个：一是实现气门关闭的停阀机构的空间布置和切换速度等必须适合目标内燃机，其他零部件也要改动；二是停缸导致内燃机和整车振动与噪声恶化。通用、本田、克莱斯勒、大众等在其四缸、六缸和八缸内燃机上已使用停缸技术，而且有从大排量内燃机扩展到小排量内燃机的趋势。

增压小排量技术是指发动机通过增压技术并减小发动机排量，在保证输出扭矩和功率不变的前提下，提高发动机的有效功率。增压小排量带来的好处有：①排量减小，泵气损失减小，相同动力输出条件下的指示平均压力高，使得运行工况点移向更高效率区，发动机的有效效率可大幅提高；②排量减小，燃烧室表面积减少，降低了机械摩擦损失，从而提高了发动机的有效效率；③采用涡轮增压技术，可以回收排气能量，大幅度提高循环热效率。

稀薄燃烧是降低汽油机油耗的重要途径，根据燃烧的基本概念，把实际混合气浓度比理论空燃比更稀（A/F＞14.7）的燃烧称为稀薄燃烧。内燃机运行时，随着空燃比变稀，油耗和 NO_x 排放均显著降低。但继续变稀时，常规进气道喷射的汽油机着火和燃烧就会变得不稳定，因而油耗也开始上升。

燃烧高效化是一种提高内燃机性能和降低排放的重要途径。燃烧高效化涉及两个方面：燃烧效率和热效率。燃烧效率是指燃料的化学能有多少转化为热能，热效率是指热能有多少转化为机械功。燃烧效率和热效率的提高都需要优化内燃机的油气混合和燃烧过程，以及减少热损失和摩擦损失。

柴油机的特点是采用稀燃、压燃和质调节模式，即在高压缩比下，将空气压缩到高温高压，然后直接喷入柴油，由于柴油的自燃温度较低，因此不需要点火装置，燃料的量决定了输出的功率。这种模式使得柴油机具有较高的燃烧效率和热效率，但也存在一些问题，如燃烧不均匀、颗粒物和氮氧化物排放较高等。

目前，车用汽油机由于采用化学计量比混合气点燃和量调节模式，受爆震限制，压缩比处于10～13范围内，部分负荷泵气损失较大，因此其热效率较柴油机热效率低（目前量产汽油机有效热效率为36%～41%）。显然，车用汽油机还有较大的热效率提升空间，尤其是混动专用汽油机，由于有电机助力，混合动力对汽油机的动力性要求降低，因此混动专用汽油机可以采用高压缩比（15左右，可匹配高辛烷值汽油 RON≥98）、超膨胀比循环（如 Atkinson 或 Miller 循环）、高 EGR、低温燃烧、长冲程等节能技术提升热效率，如图6-2所示。目前，比亚迪、广汽、吉利、东风等企业开发出了峰值有效热效率超过41%的混动专用汽油机，正在朝45%峰值有效热效率目标迈进。

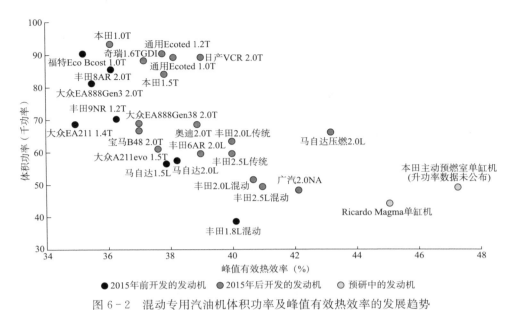

图 6-2　混动专用汽油机体积功率及峰值有效热效率的发展趋势

（二）高效动力传动技术

传动系统节能技术主要是指先进的变速器应用，它是汽车动力总成核心技术重要的组成部分。变速器对车辆性能的影响，主要反映在排挡的选择和速比的分配上。随着汽车工业的发展，变速器的种类和结构也越来越多样化，从最初的手动变速器，到自动变速器，再到无级变速器，以及混合动力车辆的电动变速器，都是为了提高汽车的动力性、经济性和舒适性而不断创新的成果。

高效动力传动技术是指能够在不降低汽车性能的前提下，有效地降低汽车的油耗和排放的传动技术。高效动力传动技术的主要方向有以下几个：

1. 提高变速器的效率

变速器的效率是指变速器的输入功率和输出功率的比值，它反映了变速器的能量损失程度。变速器的效率受到变速器的结构、材料、摩擦、润滑等因素的影响。提高变速器的效率，可以减少变速器的能量损失，从而降低汽车的油耗和排放。目前，变速器的效率一般在 85%～95%，有些高效的变速器甚至可以达到 98%以上。提高变速器的效率的方法包括优化变速器的结构设计、减少变速器的内部摩擦、使用高性能的材料和润滑油、采用智能的控制策略等。

2. 优化变速器的匹配

变速器的匹配是指变速器的速比和排挡与发动机的特性和工况的适应性，它反映了变速器的调节能力。变速器的匹配直接影响了汽车的动力性、经济性和舒适性。优化变速器的匹配，可以使发动机在最佳的工作状态下运行，从而提高汽车的性能和效率。目前，变速器的匹配主要依靠变速器的速比和排挡的设置，以及变速器的控制策略。优化变速器的匹配的方法包括增加变速器的速比和排挡的数量、使用无级变速器或电动变速器、采用自适应的或学习的控制策略等。

3. 整合变速器和发动机

变速器和发动机是汽车动力总成的两个重要组成部分，它们之间的协调和配合是影响汽车性能的关键因素。整合变速器和发动机，是指将变速器和发动机的功能和结构进行融合和优化，形成一个紧凑和高效的动力单元，从而实现汽车的动力和效率的最大化。目前，变速器和发动机的整合主要体现在混合动力车辆和电动车辆上，它们通过电机、电池、变频器等电子元件，实现了变速器和发动机的无缝连接和协同控制。整合变速器和发动机的方法包括采用电动变速器或电机变速器、使用集成式的动力总成、开发新型的混合动力系统等。

高效动力传动技术是汽车节能减排的重要途径，它能够提高汽车的性能和效率，同时降低汽车的油耗和排放，为汽车工业的可持续发展作出贡献。高效动力传动技术的发展，需要不断地进行科学的研究和创新，以适应汽车工业的变化和需求。高效动力传动技术的未来，将是多样化和智能化的，它将为汽车的驾驶和使用带来更多的便利和乐趣。

变速器（AT）的节能效果较差，但是舒适性好，元器件可靠性高，其生产历史长，使用范围广。无级变速器（CVT）适合小型车，电控机械式自动变速器（AMT）在换挡时会有短暂的动力中断，舒适性较差。双离合变速箱（DCT）从传统的手动变速器演变而来，结合了手动变速器的燃油经济性和自动变速器的舒适性。由于地域和驾乘习惯的不同，北美、日本和欧洲在变速器领域的发展不尽相同。北美主要发展 AT 技术，DCT 及 CVT 向小范围发展；日本以 AT 技术为主，CVT 份额逐渐提升；欧洲以手动变速箱（MT）及 DCT 为主，AT 份额逐渐下滑。

CVT 的优势在于变速比可做到无缝调节，相比 AT、AMT 和 DCT 变速器升降挡没有丝毫的顿挫感，而且 CVT 速比的范围更广，可以更好地利用发动机的高效区间或者高动力输出区间，达到省油和提高动力的目的。现行的 CVT 都采用压力钢带的方式传递动力，通过改变钢带轮间距，更改压力钢带的旋转半径，从而实现车辆变速行驶。但是 CVT 也有自身的缺陷，由于采用钢带连接传动，当变速器工作时，钢带和钢带轮间产生摩擦力有限。如果发动机输出大扭矩做功，如车辆起步或低速大负荷工况，传动钢带会产生金属疲劳而打滑，甚至会发生结构损伤，因此在设计上增加了急踩加速踏板限制发动机动力输出的功能，从而导致车辆瞬间动力反应迟滞，这也是造成现行的 CVT 一直很难和大扭矩发动机配套的原因。为了解决这一短板，丰田汽车公司创新研制了全球第一台直接变速无级变速器 Direct Shift-CVT（图 6 - 3），即在变速钢带轮旁边并联增加一组齿轮，负责车辆起步和低速大负荷工况下的变速传动。

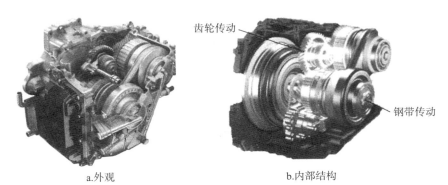

齿轮传动

钢带传动

a.外观　　　　　　　　　　　b.内部结构

图 6 - 3　丰田 Direct Shift-CVT

与 AT、CVT 通过液力变矩器与发动机相连接的方式不同，DCT 是通过两套离合器与发动机相连接的，是一种硬连接（图 6 - 4）。因为它的两套离合器是交替工作的，传动效率和换挡速度都要高于 AT，但是缺失了液力变矩器后，就不能在换挡时缓冲调速了，在低速路段和拥堵路段难免会出现顿挫感，而且 DCT 上市的时间晚于 AT 和 CVT，在稳定性和可靠性方面不如 AT 和 CVT。DCT 目前有两种类型：湿式双离合和干式双离合，区别就是散热方式不同，湿式是浸泡在液体中，干式是通过自然通风散热。干式 DCT 容易过热而湿式 DCT 通过变速器油对离合器进行润滑和冷却，可靠性与稳定性优于干式 DCT。

图 6 - 4　DCT 结构

（三）整车能效优化技术

1. 汽车轻量化技术

作为节能汽车、新能源汽车和智能网联汽车的共性基础技术之一，轻量化是有效提升汽车能效的重要途径，是提升车辆加速性、制动性、操稳性等诸多性能的重要保障。相关资料表明，汽车自重每减少 10%，燃油消耗可降低 6%～8%。轻量化的实现主要有三种手段：轻量化结构设计及优化、先进轻量化材料应用和先进工艺技术应用（表 6-1）。汽车轻量化在满足汽车使用要求、安全性和成本控制的条件下，将结构轻量化设计技术与多种轻量化材料、轻量化制造技术集成应用，实现产品减重。

表 6-1　实现汽车轻量化的技术手段

轻量化技术		技术手段
先进轻量化材料应用		高强度钢：SAPH₄40、DP980、CP780、TWHP780、热冲压钢、20NiCrMo7 等
		铝合金：铝合金板材、铸造铝合金、锻造铝合金等
		镁合金：镁合金板材、铸造镁合金、锻造镁合金等
		非金属材料：玻璃纤维、碳纤维、玄武岩纤维等增强复合材料，高性能先进工程塑料，车身结构加强胶等
先进工艺	制造工艺	汽车钢（板）：液压成形（内高压成形）、热冲压成形、辊压成形、激光拼焊、不等厚轧制板等
		镁合金或铝合金：半固态成形、高压铸造成型、低（差）压铸造成型等
		复合材料：在线模塑成型、在线注射成型、在线模压成型、RTM 等
	连接工艺	激光焊接及激光钎焊、搅拌摩擦焊、锁铆及自锁铆技术、热熔自攻螺钉、胶粘连接等
轻量化结构设计及优化		整车及零部件结构拓扑优化
		整车及零部件尺寸优化
		整车及零部件形状或形貌优化
		整车及零部件及总成多学科或多目标优化

国外热成型技术已经普及应用，目前研究机构正在研究碳纤维、玻璃纤维增速材料等非金属材料的应用。在北美，福特汽车轻量化减重达 250～750 磅，基于轻量化的发动机排量已经变小；日本汽车注重结构优化，各零部件的小型化应用。国内仅在高端车上采用高强度钢、铝合金等轻质材料和热成型技术，且铝合金锻造技术尚不成熟，非金属材料应用有待进一步普及，同时需要建立完备的轻量化测试评价体系，在轻量化同时注重提高安全性。

2. 低风阻低摩擦技术

车辆在行驶过程中，各种内部及外部系统摩擦是造成整车能量损耗的主要原因之一。减少摩擦损耗的主要方法包括降低车身风阻、减小内部阻力、降低滚动阻力等。车身造型设计优化、低黏度机油、高效润滑油、低滚阻轮胎、低摩擦材料涂层等均是降低车辆摩擦损耗的主要措施。

欧美日继续改进空气动力技术，目前汽车摩擦学研究趋于成熟，其燃油品质高、润滑技术先进。截至目前，国内汽车摩擦学技术研究较少，燃油品质和润滑技术有待提升，汽车造型设计仍存在优化空间。国内轮胎企业的设计、工艺及生产技术仍处于跟随阶段，以生产为主，自主研发能力薄弱。在车身设计方面，国内乘用车风阻系数仍处于较低水平。减小空气阻力主要是通过减小汽车的风阻系数来实现。目前，汽车制造厂商主要通过风洞试验研究来优化汽车外形，进而达到减小风阻系数的目的。轮胎结构对滚动阻力系数影响很大，改善轮胎的结构，可以减少汽车的油耗。

二、汽车清洁能源替代技术

（一）低碳内燃机汽车技术

燃料低碳化是指内燃机采用低碳燃料替代高碳燃料，如重型卡车采用低碳的压缩或液化天然气（compressed natural gas 或 liquefied natural gas，简称 CNG 或 LNG）发动机或汽油压燃（gasoline compression ignition，简称 GCI）发动机替代高碳的柴油机，或者在高碳燃料中添加低碳或零碳燃料，如在柴油中添加生物柴油（甲酯），在汽油中添加乙醇等，从源头上降低内燃机的碳排放。

图 6-5 为美国阿贡国家实验室采用 GREET 模型测算的全生命周期碳氢

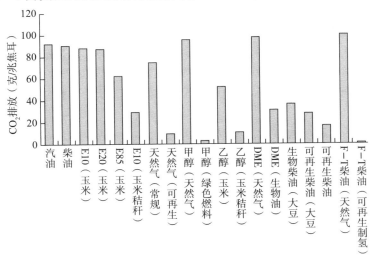

图 6-5　全生命周期碳氢燃料 CO_2 排放对比

燃料 CO_2 排放对比。汽油、柴油的碳排放强度分别为 92.8 克/兆焦耳和 91.1 克/兆焦耳。在汽油中掺入以玉米秸秆为原材料的第 2 代生物乙醇，E85 的碳排放强度可以降至 29.6 克/兆焦耳。天然气制取的甲醇碳排放强度比传统汽柴油略高。可再生能源获得的绿电甲醇的碳排放强度可以低至 1.8 克/兆焦耳。由于制取的原材料不同，生物柴油的碳排放强度为 16.3～32.6 克/兆焦耳。生物质制取的二甲醚（dimethyl-ether，简称 DME），其碳排放强度低至 4.9 克/兆焦耳。通过可再生电力制氢、CO_2 捕捉、Fischer-Tropsch 合成的绿电合成燃料（e-fuel）的碳排放强度仅为 0.6 克/兆焦耳。

1. 天然气汽车

天然气汽车是一种使用天然气作为燃料的内燃机汽车。天然气是一种清洁、高效、低成本的能源，它主要由 CH_4 组成，燃烧时产生的 CO_2 和氮氧化物的排放量比汽油和柴油低很多。因此，天然气汽车可以减少对环境的污染，降低温室效应，提高能源安全。

天然气汽车的技术主要包括两个方面：一是天然气的储存和输送，二是天然气的燃烧和控制。天然气的储存和输送需要使用高压气瓶或液化气罐，以及相应的加气站和管道。天然气的燃烧和控制需要使用专门的发动机和电子控制系统，以保证天然气的充分混合和燃烧，以及排放的监测和调节。

天然气汽车的优点是节能、环保、经济、安全，但也存在一些缺点，如储存空间占用大、加气站和管道建设成本高、续航里程有限等。因此，天然气汽车目前主要适用于城市公交、出租、物流等领域，还需要进一步完善基础设施和政策支持，以促进其广泛应用。

2. 生物质燃料汽车

生物质燃料汽车是一种使用生物质燃料作为燃料的内燃机汽车。生物质燃料是指由植物、动物或微生物等生物资源转化而成的可再生能源，它可以替代部分或全部的化石燃料，减少对石油的依赖，降低碳排放，增加能源多样性。

生物质燃料汽车的技术主要包括两个方面：一是生物质燃料的生产和利用，二是生物质燃料的适应性和兼容性。生物质燃料的生产和利用需要使用不同的原料和工艺，如发酵、水解、催化、裂解等，以制造出不同的生物质燃料，如醇类燃料、生物柴油、生物气等。生物质燃料的适应性和兼容性需要考虑生物质燃料的物理和化学性质，如密度、黏度、闪点、辛烷值等，以及与发动机和燃油系统的匹配程度，如是否需要改造或混合等。

（1）醇类燃料汽车。醇类燃料汽车是一种使用醇类燃料作为燃料的内燃机汽车。醇类燃料是指由生物质经过发酵或水解等工艺制造出的含有醇基团的液体燃料，如乙醇、甲醇、丁醇等。醇类燃料可以单独使用，也可以与汽油混合使用，如 E10、E85 等。

醇类燃料汽车的技术主要包括两个方面：一是醇类燃料的生产和利用，二是醇类燃料的适应性和兼容性。醇类燃料的生产和利用需要使用不同的原料和工艺，如玉米、甘蔗、木质纤维等，以及发酵、水解、蒸馏等，以制造出不同的醇类燃料，如乙醇、甲醇、丁醇等。醇类燃料的适应性和兼容性需要考虑醇类燃料的物理和化学性质，如辛烷值、腐蚀性、水分含量等，以及与发动机和燃油系统的匹配程度，如是否需要改造或混合等。

醇类燃料汽车的优点是辛烷值高、燃烧清洁、排放低，但也存在一些缺点，如能量密度低、蒸发损失大、冷启动困难等。因此，醇类燃料汽车目前主要适用于轻型汽车或混合动力汽车，还需要进一步提高醇类燃料的生产效率和稳定性，以及优化醇类燃料的配比和使用条件，以提高其性能和可靠性。

（2）生物柴油汽车。生物柴油汽车是指使用全部或部分的生物柴油为燃料的汽车。生物柴油是可再生的油脂经过酯化或酯交换工艺制得的，主要成分为长链脂肪酸甲酯的液体燃料，是典型的绿色能源，具有环保性能好、发动机启动性能好、燃料性能好、原料来源广泛、可再生等特性。在国外生物柴油主要作为动力燃料用于交通运输及工业领域，在我国生物柴油主要作为绿色化学品用于化工领域。根据联合国统计司（united nations statistics division，简称 UNSD）的统计，生物柴油应用领域中，燃料用途占比为 98.5%，其他领域仅占 1.5%。

在燃料领域，一般将生物柴油掺混入化石柴油中制成混合柴油。混合柴油与化石柴油相比，在燃烧过程中可以降低对污染气体的排放，同时由于在燃料性质方面相近，因此无须对原用的柴油引擎、加油设备、存储设备和保养设备进行改动，降低了生物柴油的推广门槛。在掺混比例上，全球推广使用生物柴油的国家根据自身的环保要求、生物柴油制备水平、经济补贴政策等，规定了不同的掺混比例。欧洲是生物柴油生产和应用最早的地区，也是生物柴油研究和推广的主要地区，是生物柴油应用的成熟市场，在生物柴油质量标准方面要求较为完善。

我国作为食用油消费大国，自给尚且不足仍需要进口，再依赖食用油脂制备生物柴油将会大大加剧与人争油的局面，引发粮油危机，因此我国无法像其他国家那样大力发展以食用粮油为基础的生物柴油产业。因此，以废油脂为原料进行生物柴油生产，代表着我国生物柴油的发展方向。我国生物柴油目前尚未进入国有成品油体系，在车用交通燃料油领域基本未使用，只有部分与化石柴油等混合后用于民用砂船、挖掘机动力、工业锅炉燃料等领域。

（3）二甲醚汽车。二甲醚汽车是用二甲醚作为压燃式发动机的燃料，目前有两类应用范围：一是将二甲醚作为点火促进物质；二是将纯液态二甲醚进行直接燃烧。我国在二甲醚汽车开发上已取得重要进展，成功开发并应用了二甲醚城市公交客车。

二甲醚，属于醚的同系物，虽然对皮肤有轻微的刺激作用，但二甲醚毒性极低，具有优异的环境性能指标。在大气中二甲醚能够在短时间内分解为水和CO_2，不会对环境造成破坏。作为柴油机代用燃料，二甲醚是一种含氧燃料，具有十六烷值高的特点，不含硫和氮等杂质。燃用二甲醚燃料不但能够保持柴油机热效率高、动力性好等优点，更重要的是能够有效解决传统柴油机上的碳烟和氮氧化物排放问题，是城市车辆比较理想的清洁燃料。

二甲醚汽车的成本过高且汽车专用技术的不成熟，使得这类产品的市场化运营困难重重。要推广二甲醚汽车，必须重点解决二甲醚在生产成本与汽车专用设备上的问题。

（二）零碳内燃机汽车技术

随着全球气候变化的严峻挑战，汽车行业也面临着转型的压力，需要寻找更清洁、更高效、更可持续的动力系统。传统的汽油和柴油内燃机汽车在运行过程中会产生大量的CO_2和其他有害气体，对环境和人类健康造成严重的影响。因此，零碳内燃机汽车技术成为一种备受关注的解决方案，它指的是使用不含碳或含碳量极低的燃料来驱动内燃机，从而实现零或接近零的碳排放。目前，最有潜力的零碳内燃机汽车技术主要有两种：氢内燃机和氨内燃机。

氢内燃机是一种利用H_2作为燃料的内燃机，它的工作原理与汽油内燃机类似，只是将H_2和空气混合后进行压缩和点燃，产生动力输出。氢内燃机的优点是，它的唯一的排放物是水，没有任何的碳排放，而且H_2的燃烧效率比汽油高，可以节省燃料消耗。氢内燃机的缺点是，H_2的储存和运输比较困难，需要高压或低温的条件，而且H_2的成本比较高，需要通过电解水或其他方式制取。此外，H_2的燃烧速度比汽油快，容易引起爆震和燃烧不稳定的问题，需要对内燃机的结构和控制进行改进。

氨内燃机是一种利用氨作为燃料的内燃机，它的工作原理也与汽油内燃机类似，只是将氨和空气混合后进行压缩和点燃，产生动力输出。氨内燃机的优点是，它的排放物主要是水和氮气，没有任何的碳排放，而且氨的储存和运输比较容易，可以使用常压或低压的液态或气态形式；氨的成本比较低，可以通过使用可再生能源来制取。氨内燃机的缺点是，氨的燃烧效率比汽油低，需要更多的燃料消耗，而且氨的燃烧温度比汽油低，容易导致内燃机的性能下降。此外，氨是一种有毒有害的气体，如果泄漏或燃烧不完全，会对环境和人类健康造成危害，需要对内燃机的安全和排放进行严格的控制。

三、道路交通电气化转型技术

交通电气化是"双碳"目标实现的重要途径。短期内，加速道路交通的电气化转型是实现交通行业低碳甚至零碳发展的核心。道路交通电气化转型技术主要包括纯电动汽车、混合动力汽车与燃料电池电动汽车。

（一）纯电动汽车

1. 基本构型

纯电动汽车（battery electric vehicle，简称 BEV）是指以车载电源为动力，通过车载电源向电动机提供电能，用电动机驱动车轮行驶，符合道路交通、安全法规等各项要求的汽车。纯电动汽车上的车载电源一般为动力电池，相当于传统汽车中的燃油箱，电动机相当于传统汽车中的内燃机。

纯电动汽车的基本组成可分为 3 个子系统，即主能源子系统、电力驱动子系统和辅助控制子系统（图 6-6）。电力驱动子系统由整车控制器、功率变换器、电动机、机械传动装置和车轮组成。主能源子系统由能量源、能量单元和能量管理系统组成。辅助控制子系统由辅助动力源、温度控制单元、动力转向

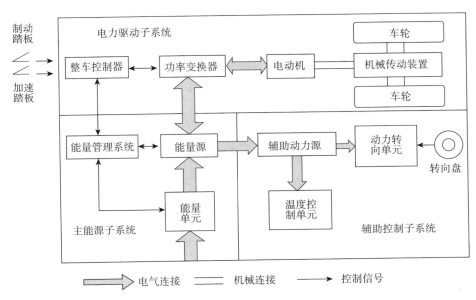

图 6-6 纯电动汽车基本组成

单元和转向盘组成。动力电池作为纯电动汽车的唯一动力源为全车提供电能，电池管理系统对电池进行控制，当电流由动力电池输出后，经电源转换器（DC/DC）输入到电机控制器，实现电能到机械能的转化，并由其电机进行动力输出，之后经减速机构与车辆输出轴相连接。纯电动汽车基本构造如图 6-7 所示。

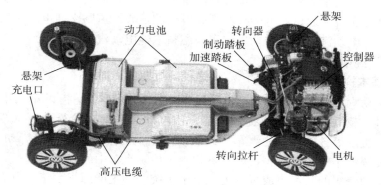

图 6-7 纯电动汽车基本构造

纯电动汽车的驱动方式主要包括集中式驱动和分布式驱动两大类。集中式驱动对车辆本身改动小，开发周期短，难度小，是目前纯电动汽车的主流驱动系统。分布式驱动传动链简化，整车空间利用率高，动力性能和控制性能优越。集中式驱动主要分为电机直驱、电机＋减速器或 AMT 系统、三合一系统和电驱动桥系统四大类。分布式驱动设计是目前主流的设计，分为轮边驱动和轮毂驱动，主要结构特征是将驱动电机直接安装在驱动轮内或者驱动轮附近，具有驱动传动链短、传动效率高、结构紧凑等优点。

2. 低碳原理

纯电动汽车低碳节能主要体现在以下两方面：

（1）纯电动汽车由电机驱动，因此行驶阶段的碳排放为零。纯电动汽车全生命周期的碳排放主要来自火力发电与动力电池的生产制造阶段，当绿色电力使用占比增加时，纯电动汽车减碳效果会进一步提升。

（2）纯电动汽车具有制动能量回收功能，可以回收车辆在制动或者惯性滑行时的摩擦机械能，并将它储存在动力电池中循环使用，进而可以提高能源利用率，有效延长车辆续航里程。在拥挤的城市道路工况下，制动能量回收系统能够节能 20% 左右。

3. 关键技术

纯电动汽车关键技术主要在于动力电池技术、电机驱动及其控制技术、整车控制技术。

（1）动力电池技术。动力电池是电动汽车的动力源泉，直接影响电动汽车的性能和成本，也是一直制约电动汽车发展的关键因素。电动汽车用电池的主要性能指标是比能量、能量密度、比功率、循环寿命、成本等。电动汽车与燃油汽车竞争，关键是要开发出比能量高、比功率大、使用寿命长的高效、安全、可靠的电池。结构与材料技术多元化发展是提高动力电池性能的关键技术手段。无模组（cell to pack，简称 CTP）技术、刀片电池、JTM 技术等结构创新带动电池系统能量密度增长。三元锂与磷酸铁锂共同发展。高镍低钴三元仍是主流发展趋势，磷酸铁锂因安全性能、循环寿命及成本优势在中低端乘用车、商用车、储能领域优势明显。硅碳负极将在未来逐步取代石墨负极，与高镍低钴三元正极搭配构建超高能量密度电池。湿法＋涂覆技术将主导隔膜材料市场，干法隔膜凭借安全性和成本优势市场占比维持稳定。固态电池作为下一代动力电池，目前正处于技术攻关阶段。

电池管理系统作为动力电池系统的重要组成部分，通过对电流、电压、温度等信号的采集来对电池的运行状态进行分析和控制，实现对电池动力学、耐久性、安全性等方面的管理。电池管理系统对整车的安全运行、整车控制策略的选择、充电模式的选择及运营成本都有很大影响。电池管理系统无论在车辆运行过程中还是在充电过程中都要可靠地完成电池状态的实时监控和故障诊断，达到有效且高效使用电池的目的。当前，电池管理系统仍有诸多核心问题亟待解决：在动力性方面，目前电池可测量的信息仍较为有限，传感技术有待升级；在耐久性方面，电池全生命周期的测量数据量庞大，需要通过数据挖掘获取电池寿命演化的信息；在安全性方面，当前研究部门对电池缺陷机理的认识仍较为有限，需要建立更先进可靠的预测模型。

（2）电机驱动及其控制技术。整车控制技术是纯电动汽车的核心技术之一，它涉及纯电动汽车的各个子系统，如电池管理系统、电机驱动系统、车辆稳定控制系统、车辆信息系统等，以及这些子系统之间的协调和优化。整车控制技术主要包括整车控制架构的设计、整车控制策略的设计、整车控制算法的设计等。

整车控制架构的设计是整车控制技术的基础，它决定了纯电动汽车的控制层次、控制模式、控制网络、控制接口等，是整车控制技术的框架和平台。整车控制架构的设计应考虑整车控制的功能需求、性能需求、可靠性需求、安全性需求等因素，以实现整车控制的高效、稳定、灵活、可扩展。

整车控制策略的设计是整车控制技术的重要环节，它决定了纯电动汽车的控制目标、控制逻辑、控制优先级等，是整车控制技术的核心和灵魂。整车控制策略的设计应根据纯电动汽车的工况特点和性能指标，综合考虑电池的寿命、电机的效率、车辆的稳定性、驾驶员的舒适性等因素，以实现整车控制的最优化和协同化。

整车控制算法的设计是整车控制技术的关键环节，它决定了纯电动汽车的控制精度、控制速度、控制鲁棒性等，是整车控制技术的实现和保障。整车控制算法的设计应根据纯电动汽车的数学模型和控制策略，采用合适的控制理论和方法，如线性二次型（LQR）控制、滑模变结构控制、模型预测控制、遗传算法等，以实现对整车控制的精确、快速、鲁棒的控制。

（3）整车控制技术。整车控制器是纯电动汽车运行的核心单元，承担着整车驱动控制、能量管理、整车安全及故障诊断和信息处理等功能，是实现纯电动汽车安全、高效运行的必要保障。整车控制策略作为整车控制器的软件部分，是整车控制器的核心部分。由于电动汽车的车载能量有限，其行驶里程远远达不到传统燃油汽车的水平，整车控制策略的目的就是要最大限度地利用有限的车载能量，增加行驶里程。

（二）混合动力汽车

1. 基本构型

混合动力汽车（hybrid electric vehicle，简称 HEV）指同时装备两种或两种以上动力来源的车辆，是使用发动机驱动和电力驱动两种驱动方式的汽车。通常所说的混合动力一般是指油电混合动力，即燃料（汽油、柴油等）和电能的混合。混合动力电动汽车是介于内燃机汽车和电动汽车之间的一种车型，是传统内燃机汽车向纯电动汽车过渡的车型。混合动力汽车是一种结合了内燃机和电动机的汽车，它可以根据不同的行驶条件和需求，自动或手动地切换两种动力模式，从而达到节能和减排的目的。混合动力汽车的优点主要有以下几个方面：

（1）节省燃料和降低碳排放。混合动力汽车可以使发动机在最佳的工况区域稳定运行，避免或减少了发动机变工况下的不良运行的情况，使发动机的碳排放和油耗大大降低。根据研究，混合动力汽车的平均油耗比传统汽车低约 25％，而碳排放则低约 30％。此外，混合动力汽车还可以通过电动机或发电机回收汽车减速和制动时的能量，进一步降低车辆的能耗和碳排放。

（2）实现零排放和降低噪声。混合动力汽车在人口密集的商圈和居民区等地可用纯电动模式驱动车辆，实现零排放。这对于提高城市的空气质量和减少温室效应有着重要的意义。同时，纯电动模式也可以降低汽车的噪声，减少对周围环境的干扰和影响。

（3）提高动力性能和驾驶舒适性。混合动力汽车可配备功率较小的发动机，可为车辆提供动力，并且可通过电动机的辅助，提高车辆的加速性能和爬坡能力。混合动力汽车的动力输出更加平稳和连续，不会出现传统汽车的抖动和顿挫感，从而提高了驾驶的舒适性和安全性。

与纯电动汽车相比，混合动力汽车具有以下优点：①车辆的续航里程和动力性可达到传统汽车的水平；②附属设备（如空调、真空助力、转向助力等）可由发动机驱动，不用消耗动力电池有限的电能，从而保证了良好的驾乘体验。但与纯电动汽车相比，混合动力汽车未完全摆脱对传统能源的依赖，在纯油或混动模式下依然有碳排放。与传统内燃机汽车相比，混合动力汽车的控制和结构复杂，车身较重，纯油工况下油耗较高。

根据 2010 年颁布的《混合动力电动汽车类型（QC/T 837-2010）》，混合动力电动汽车有多种分类方式：根据驱动系统能量流和功率流的配置结构关系，混合动力电动汽车可分为串联式、并联式和混联式；按照两种能量的搭配比例不同，混合动力电动汽车可分为微混合型、轻度混合型、中度混合型及重度混合型，如表 6-2 所示；按照外接充电能力，混合动力电动汽车分为可外接充电型（插电式）和不可外接充电型。

表 6-2　不同能量搭配比例的混合动力电动汽车

名称	最大功率比	特点	应用车型
微混	≤5%	电机不提供动力	丰田 Vitz
轻混	5%～15%	电机控制启停，减速制动时有能量回收	红旗 H9
中混	16%～40%	加速或大负荷时电机可补充动力，制动能量回收	本田 Accord
重混	≥40%	有中混特点且动力更足，电机可以独立驱动车辆行驶	丰田 Prius

串联式混合动力汽车由发动机、发电机和电动机三大主要部件组成，其基本结构如图 6-8 所示。油箱—发动机—发电机与电池一起组成了车载能量源，共同向电动机提供电能。其中，发动机仅仅用于带动发电机发电，所产生的电能通过电动机控制器提供给电动机，再由电动机转化为电能后驱动车辆。动力电池对发电机产生的电能和电动机所需要的电能进行调节，从而保证车辆在行驶工况下的功率需求。串联式混合动力系统中有两个电源，即动力电池和发电机。这两个电源通过逆变器串联在回路中，动力的流向为串联形式，因此称为串联式混合动力系统。

并联式混合动力汽车具有两套驱动系统，即传统的内燃机系统和电机驱动系统，其基本结构如图 6-9 所示。并联式混合动力汽车可以在比较复杂的工

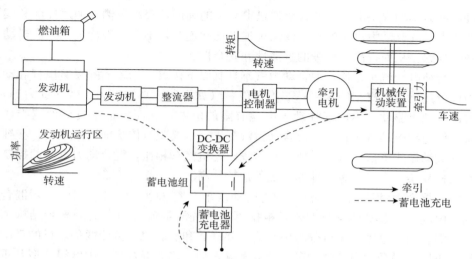

图 6-8　串联式混合动力汽车基本结构

况下使用不同的驱动模式，应用范围较广。并联式混合动力结构根据电动机或发电机的数量和布置、变速器的类型、部件的数量（离合器、变速器的数量）和位置关系（如电动机与离合器的位置关系）的不同，分为多种类型。按照电动机位置的不同，并联式混合动力汽车可分为 P0—P4 架构，如图 6-10 所示。并联式混合动力汽车发动机与电动机两大部件总成有多种组合形式，可以根据使用要求选用。并联式混合动力系统通过两大动力总成的功率可以互相叠加，发动机功率和电动机功率为电动汽车所需最大驱动功率的 50%～100%。因此，采用小功率的发动机与电动机，使整个动力系统的装配尺寸、质量都较小，造价也更低，行程也比串联式混合动力汽车的长一些，其特点更加趋近于内燃机汽车。

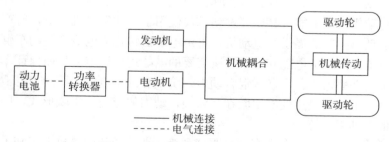

图 6-9　并联混合动力汽车基本结构

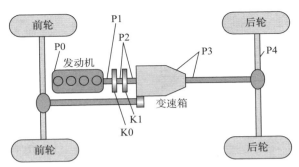

图 6-10　并联混合动力汽车 P0—P4 架构

开关式混合动力汽车结构如图 6-11 所示，离合器起到了切换串联结构和并联结构的作用。若离合器打开，则该混合动力传动系即为简单的串联式结构；若离合器接合且发电机不工作，则该混合动力传动系即为简单的并联式结构；若离合器接合且发电机工作于发电模式，则该混合动力传动系即为复杂的混联式结构。比亚迪 F3DM 采用的开关式混合动力系统。

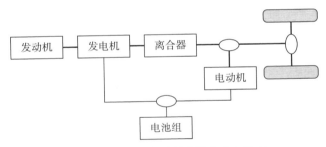

图 6-11　开关式混联式混合动力汽车

功率分流式混合动力系统主要由行星齿轮机构并结合两个电动机组成。根据其构型特点，功率分流式混合动力系统可实现发动机工作点与车轮的完全解耦，并通过其中一个电动机的调速作用和另一个电动机的转矩补偿使发动机稳定工作于高效率区间。目前，功率分流系统做得比较完善的有单模的丰田 THS、福特的 FHS、国内的科力远 CHS、通用的双模等。其中，丰田 THS 主要应用在 Prius、Camry、Highlander、GS450h 上，福特 FHS 主要应用在 Escape、C-max、Fusion 上，科力远 CHS 主要应用在吉利汽车上，通用 VOLT-Ⅱ 主要应用在 Volt、君越和迈锐宝上，如图 6-12 和图 6-13。不同混合动力系统技术特点对比见表 6-3。

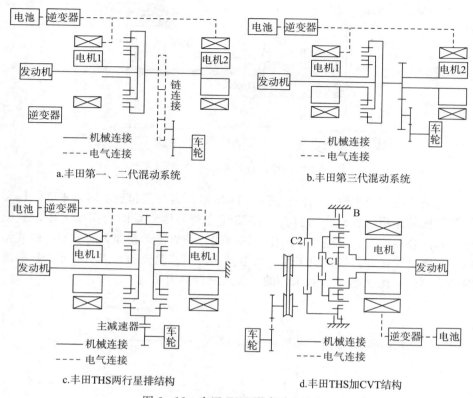

a.丰田第一、二代混动系统

b.丰田第三代混动系统

c.丰田THS两行星排结构

d.丰田THS加CVT结构

图 6-12　丰田 THS 混合动力汽车

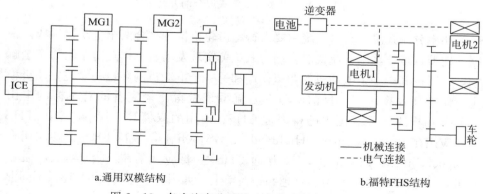

a.通用双模结构

b.福特FHS结构

图 6-13　各个汽车公司的功率分流混合动力系统

表6－3　不同混合动力系统技术特点对比

结构模式	串联式	并联式	混联式
动力总成	发动机、发电机、电动机三大动力总成	发动机、电动机或发电机、耦合机构	发动机、电动机或发电机、电动机、耦合机构
发动机功率	发动机功率较大、工作稳定	发动机功率较小、工况变化大	发动机功率小
驱动模式	电动机驱动模式	发动机驱动模式、电动机驱动模式、发动机—电动机混合驱动模式	发动机驱动模式、电动机驱动模式、发动机—电动机混合驱动模式、电动机—电动机混合驱动模式
传动效率	发动机—发电机—电动机，能量转换效率较低	发动机传动系统的传动效率较高	发动机传动系统的传动效率较高
制动能量回收	能够回收制动能量	能够回收制动能量	能够回收制动能量
整车总布置	三大动力总成之间没有机械式连接装置、结构布置的自由度较大，但三大动力总成的质量、尺寸都较大，在小型车辆上不好布置，一般在大型车辆上采用	发动机驱动系统维持了传统的机械式传动方式。在这种系统中，发动机和电动机两个主要动力总成通过不同的耦合机构相连，构成了较为复杂的结构。这种复杂性给汽车的布局设计带来了一定的限制	三大动力总成之间采用耦合机构连接，三大动力总成的质量、尺寸都较小，能够在小型车辆上布置，但结构更加复杂，要求布置更加紧凑
适用条件	适用于大型客车或货车，适应在路况较复杂的城市道路和普通公路上行驶，更接近纯电动汽车性能	适合小型汽车使用，能够在城市道路和高速公路上顺畅行驶，其性能接近普通内燃机汽车	适用于各种类型汽车，适应在各种道路上行驶，更加接近普通内燃机汽车性能
造价	三大动力总成的功率较大，质量较重，制造成本较高	两大动力总成功率较小、质量较轻，电动机或发电机具备双重功能。可基于普通内燃机汽车底盘进行改装，降低制造成本	三大动力总成的功率较小，质量较轻，需要采用复杂的控制系统，制造成本较高

　　插电式混合动力汽车是混合动力汽车的一种变体，其独特之处在于车载动力电池组可以通过电网进行充电，包括家庭电源插座。这种汽车具备较长的纯电动行驶里程，而在需要时仍可切换至混合动力模式运行。与普通混合动力汽车相比，插电式混合动力汽车装配有更大容量的电池组、更高功率的电机驱动系统和较小排量的发动机。为适应纯电驱动需求，这类汽车的辅助系统也全面电动化，如电动助力转向、电动真空助力、电动空调等，并增设了车载充电设

备。图 6-14 所示为某插电式混合动力汽车结构简图。

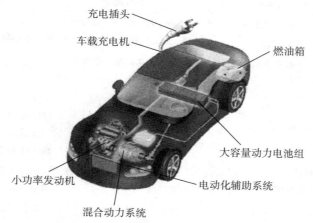

图 6-14　插电式混合动力汽车结构简图

增程式混合动力电动汽车本质上是一种串联式混合动力汽车。其设计理念在于在纯电动汽车的动力系统基础上加装增程器（通常是小功率的发动机—发电机组合），以延长动力电池组的一次充电续航里程，满足日常行驶需求。与纯电动汽车相比，增程式混合动力汽车可以使用容量较小的动力电池组，有助于减少电池组成本。与传统串联混合动力电动汽车相比，增程器的功率较小，但动力电池组的容量配置相对较高。图 6-15 所示为增程式混合动力汽车结构简图。

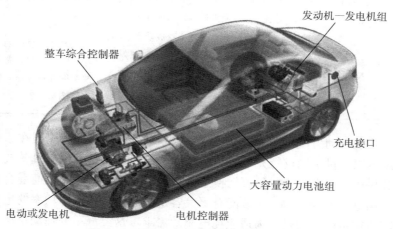

图 6-15　增程式混合动力汽车结构简图

2. 低碳原理

混合动力汽车的低碳节能途径包括：①选择较小的发动机，从而提高发动机负荷率；②取消发动机怠速，降低燃油消耗；③改善控制策略使发动机工作在高效率区，以改善整车的燃油消耗；④发动机具有高速断油的功能，以节省燃油消耗；⑤适当增加SOC窗口，减少发动机工作时间；⑥具有再生制动能量回收功能。各节能措施效果如图6-16所示。

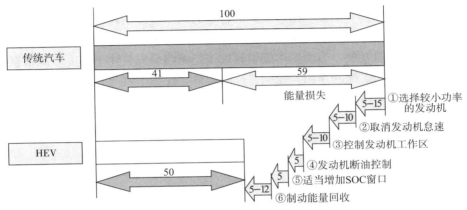

图6-16　混合动力汽车节能措施效果统计分析

3. 关键技术

混合动力汽车是集整车技术、电力拖动、新能源及新材料等高新技术于一体的高新集成产物。为实现其高效能、低排放目标，除了纯电动汽车的动力电池技术与电机驱动技术之外，混合动力汽车的关键技术在于集中发展发动机、动力耦合系统、增程器和整车能量管理控制策略等方面。

在混合动力汽车中，发动机作为唯一的耗油组件，其性能和控制特性直接影响整车的燃油经济性。由于混合动力汽车配备了电能存储单元，发动机的运行过程和控制特性与传统汽车的发动机有所不同，这为混合动力汽车中发动机的优化提供了可能。混合动力专用发动机发展趋势如下：前期重点开发阿特金森或米勒循环专用发动机，采用怠速停机、灭缸控制、小排量设计等；中期改善燃烧水平，实现冷却优化，同时降低机械摩擦损失；后期应用均质混合气压燃发动机技术（HCCI）等技术，不断提高发动机压缩比。

动力耦合系统负责将混合动力汽车多个动力装置输出的能量组合在一起，实现各种工作模式，在混合动力汽车开发中处于重要地位，包括串联式结构的电—电耦合与并联式结构的机电耦合。目前，业界研究重点在于开发行星齿轮、一体化专用变速器等，持续提升专用动力耦合系统的传动效率。

增程器又称作辅助功率单元，是增程式混合动力汽车提供续航里程的关键部件，其性能决定了增程式混合动力汽车未来的市场发展前景。当前，增程器的研究集中于增程器平台化开发、增程器关键部件选型设计、增程器专用发动机开发、扭转减振器或双质量飞轮选配、增程器能量管理等。

实现多个动力源的配合工作是混合动力汽车需要解决的关键问题。整车能量管理控制策略的主要功能是协调各子系统的工作，进行整车功率控制与工作模式切换控制，提升能源利用效果。混合动力汽车能源消耗受驾驶工况影响较大，目前普遍采用的基于规则的能量管理策略，其工况适应性差。随着智能和网联技术的快速发展，当前整车能量管理控制策略研究关注于解决多源信息的获取、未来驾驶工况的预测、控制目标的约束、控制平台与软件架构所能支持的功能、芯片算力与通信机制等多维度的工程技术问题，通过获取多源网联信息并智能预测出行域全程功率需求，将能量管理决策序列实时作用于混合动力传动系统，实现能量利用的最优分配。

（三）燃料电池电动汽车

1. 基本构型

燃料电池（fuel cell，简称 FC）是一种通过电化学反应直接将燃料的化学能转化为电能的发电装置，其过程不涉及燃烧，不受卡诺循环的限制，能量转化率高。燃料电池电动汽车（fuel cell electric vehicle，简称 FCEV）是利用 H_2 和空气中的氧在催化剂的作用下，以燃料电池中经电化学反应产生的电能作为主要动力源驱动的汽车。燃料电池电动汽车实质上是纯电动汽车的一种，在车身、动力传动系统、控制系统等方面，燃料电池电动汽车与纯电动汽车基本相同，主要区别在于车载能源的工作原理不同。燃料电池汽车具有使用零污染、续航里程长和加氢时间短等优势，是实现道路交通领域碳中和的理想方案之一。

燃料电池电动汽车主要由车载能量源、高压储氢罐、DC/DC 转换器、驱动电机、整车控制器等组成。燃料电池汽车的车载能量源包括燃料电池系统、动力电池、超级电容和飞轮。燃料电池汽车动力系统布置如图 6－17 所示。

按照车载能量源组成的不同，燃料电池汽车可分为以下四种类型：

（1）纯燃料电池驱动（pure fuel cell，简称 PFC）的燃料电池电动汽车。PFC 动力系统结构原理如图 6－18 所示。纯燃料电池电动汽车只有燃料电池一个动力源，汽车的所有功率负荷都由燃料电池承担，因此燃料电池功率大，对燃料电池系统的动态性能和可靠性提出了更高的要求，此外由于燃料电池无法实现充电，因此无法实现电动汽车的制动能量回收。一般情况下不采用单独燃料电池驱动的方式。目前的燃料电池汽车主要采用的是混合驱动形式。

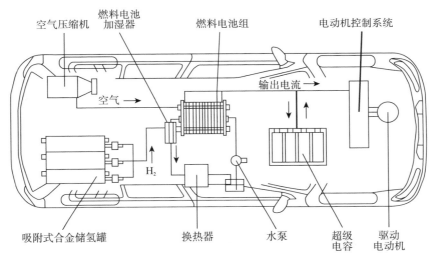

图 6-17　燃料电池汽车动力系统布置

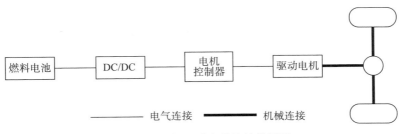

图 6-18　PFC 动力系统结构原理

（2）燃料电池与动力电池联合驱动（FC＋B）的燃料电池电动汽车。FC＋B 动力系统结构原理如图 6-19 所示。该燃料电池动力系统结构优点如下：①由于增加了价格相对低廉得多的动力电池组的数量，从而大大地降低了整车成本，且动力电池技术比较成熟，可以在一定程度上弥补燃料电池技术上的不足；②燃料电池单独或与动力电池共同提供持续功率，而且在车辆起动、爬坡、加速等有峰值功率需求时，动力电池可以单独输出能量或者提供峰值功率；③制动能量回馈的采用可以回收汽车制动时的部分动能，该措施可能会提高整车的能量效率；④系统对燃料电池的动态响应性能要求较低。该燃料电池动力系统结构缺点如下：①动力电池的使用使得整车的质量增加，动力性和经济性受到影响，这点在能量复合型混合动力汽车上表现得更为明显；②动力电池充放电过程会有能量损耗；③系统变得复杂，系统控制和整体布置难度增加。

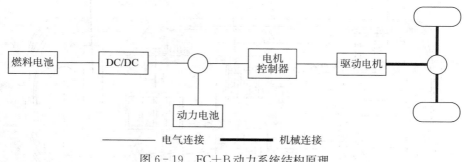

图 6-19　FC＋B 动力系统结构原理

（3）燃料电池与超级电容联合驱动（FC＋C）的燃料电池电动汽车。FC＋C 动力系统结构原理如图 6-20 所示。该结构形式与燃料电池＋动力电池结构相似，只是把动力电池换成超级电容。该结构优点如下：①超级电容作为辅助动力源，相对于动力电池，它具有优良的功率特性，能以高放电率释放电能；②在回收制动能量方面比蓄电池有优势，充电时间更短，而且循环寿命达到百万次，可以降低使用成本。但由于超级电池能量密度较小，且超级电容存储的能量有限，只可以提供持续大约 1 分钟峰值功率，其电压波动幅度很大。

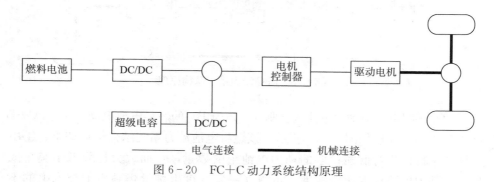

图 6-20　FC＋C 动力系统结构原理

（4）燃料电池与动力电池和超级电容联合驱动（FC＋B＋C）的燃料电池电动汽车。FC＋B＋C 动力系统结构原理如图 6-21 所示。燃料电池、动力电池和超级电容一起为驱动电机提供能量，驱动电机将电能转化成机械能传给传动系，驱动汽车前进。在汽车制动时，驱动电机变成发电机，蓄电池和超级电容将储存回馈的能量。该结构比燃料电池＋动力电池的结构形式更有优势，尤其是在部件效率和动态特性、制动能量回馈等方面更有优势。其缺点也一样更加明显：①增加了超级电容，整个系统的质量可能增加；②系统更加复杂化，系统控制和整体布置的难度也随之增大。

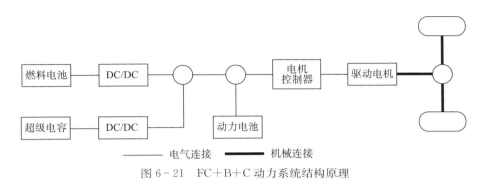

图 6-21　FC＋B＋C 动力系统结构原理

2. 低碳原理

燃料电池汽车低碳节能原理表现为以下三个方面：

（1）零排放或近似零排放，绿色环保。燃料电池汽车本质上是一种零排放汽车，其核心部件燃料电池没有燃烧过程。若以纯氢作燃料，通过电化学的方法，将氢和氧结合，生成物是清洁的水；采用其他富氢有机化合物车载重整器制氢作为燃料电池的燃料，生成物除水之外还可能有少量的 CO_2，但其排放量比内燃机要少得多，且没有其他污染排放（如氧化氮、氧化硫、碳氢化物或微粒）问题，接近零排放。

（2）能量转换效率高，节约能源。燃料电池没有活塞或涡轮等机械部件及中间环节，不经历热机过程，不受热力循环限制，故能量转换效率高。燃料电池的化学能转换效率在理论上可达 100%，实际效率达 $60\%\sim80\%$，是普通内燃机热效率的 2～3 倍（汽油机和柴油机汽车整车效率分别为 $16\%\sim18\%$ 和 $22\%\sim24\%$）。从节约能源的角度来看，燃料电池汽车明显优于传统内燃机汽车。

（3）燃料多样化，优化能源消耗结构。燃料电池所使用的氢燃料来源广泛。自然界中，氢能大量存储在水中，可采用水分解制氢，也可取自天然气、丙烷、甲醇、汽油、柴油、煤及再生能源。燃料来源的多样化有利于能源供应安全和利用现有的交通基础设施（如加油站等）。燃料电池不依赖石油燃料，各种可再生能源可以转化为氢能加以有效利用，减少了对石油资源的依赖，优化了交通能源的构成。

3. 关键技术

燃料电池汽车迈向产业化亟须解决的关键技术问题如下：

（1）燃料电池系统。燃料电池系统是燃料电池汽车的核心部件，其性能和寿命直接影响汽车的动力性能和经济性。目前，燃料电池系统面临的主要挑战有：提高电堆的功率密度和效率，降低电堆的成本和重量，增强电堆的耐久性和可靠性，优化电堆的启停和控制策略，以及提高电堆的抗毒化和抗冻能力等。

（2）车载储氢系统。车载储氢系统是燃料电池汽车的能源供应部件，其安全性和容量直接影响汽车的续航里程和使用便利性。目前，车载储氢系统面临的主要挑战有：提高储氢容器的储氢密度和充放氢速率，降低储氢容器的成本和重量，增强储氢容器的安全性和稳定性，以及开发新型的储氢材料和技术等。

（3）整车布置。整车布置是燃料电池汽车的设计部分，其合理性和美观性直接影响汽车的空间利用率和市场竞争力。目前，整车布置面临的主要挑战有：合理分配燃料电池系统、车载储氢系统、电池组、电机、变速器等部件的空间和位置，平衡汽车的重量分布和悬架刚度，以及提高汽车的空气动力学性能和乘坐舒适性等。

（4）整车热管理。整车热管理是燃料电池汽车的调节部分，其有效性和灵活性直接影响汽车的运行稳定性和环境适应性。目前，整车热管理面临的主要挑战有：维持燃料电池系统、车载储氢系统、电池组、电机等部件的适宜温度，防止过热或过冷，提高热能的回收和利用，以及适应不同的气候和工况等。

（5）多能源动力系统的能量管理策略。多能源动力系统是燃料电池汽车的优化部分，其智能性和高效性直接影响汽车的能耗性能和环保性能。目前，多能源动力系统的能量管理面临的主要挑战有：协调燃料电池系统、电池组、电机等部件的功率分配和状态切换，平滑汽车的动力输出和制动回收，以及考虑汽车的驾驶习惯和路况等因素等。

第三节　水路交通碳中和

当前在国际贸易运输中，船舶航运的运输总量占据了 95% 以上，其实际能源的消耗也占到了总能源的 3%，航运业每年排放约 1.1 亿吨 CO_2（占全球温室气体排放总量的 3%），随着船舶数量的逐年增加以及船舶大型化的发展趋势，航运业的 CO_2 排放量正在不断攀升。在国际能源越来越紧缺的今天，如何采取有效的节能减排技术降低船舶柴油机的能耗以及碳排放是一个非常重要的课题。

一、传统船舶能效提升技术

(一)提升船舶发动机能率

船舶发动机是船舶的动力源,也是船舶能耗的主要部分。船舶发动机的能率,即发动机输出的功率与输入的燃料能量的比值,反映了发动机的性能和效率。提升船舶发动机能率,可以减少船舶的燃料消耗和排放物质,提高船舶的经济性和环境友好性。

提升船舶发动机能力的技术主要有以下几种:

发动机调速技术:通过调节发动机的转速,使之适应船舶的实际负荷和航速,避免发动机在低负荷或高负荷下运行,造成能量的浪费或损耗。发动机调速技术可以通过安装可变速器或电子控制系统来实现,可以提高发动机能率5%~15%。

废热回收技术:通过利用发动机排出的废气、废水和废油等热能,为船舶提供其他用能,如供暖、制冷、发电等,减少船舶的辅助能源消耗,提高发动机的总能率。废热回收技术可以通过安装热交换器、蒸气涡轮机、有机朗肯循环等设备来实现,可以提高发动机能率10%~30%。

发动机改造技术:通过对发动机的部件或参数进行改进或优化,提高发动机的燃烧效率和机械效率,减少发动机的摩擦损失和热损失。发动机改造技术可以通过更换高效的喷油器、活塞、气缸套、涡轮增压器等部件,或调整发动机的压缩比、燃烧温度、进气压力等参数来实现,可以提高发动机能率5%~10%。

(二)提高船舶油品质量

船舶油品是船舶发动机的燃料,也是船舶排放的主要来源。船舶油品的质量,即油品的物理和化学性质,影响了发动机的燃烧效果和排放特性。提高船舶油品的质量,可以提高发动机的燃烧状态和排放状况,降低船舶的能耗和污染物。

提高船舶油品质量的技术主要有以下几种:

油品净化技术:通过去除油品中的杂质和水分,提高油品的纯度和稳定性,减少油品的黏度和密度,提高油品的燃烧性能和发动机的适应性。油品净化技术可以通过安装离心机、过滤器、脱水器等设备来实现,可以提高油品质量5%~10%。

油品添加剂技术:通过向油品中添加一定比例的化学物质,改善油品的燃烧特性和排放特性,提高油品的抗磨性和抗氧化性,延长油品的使用寿命和发动机的维护周期。油品添加剂技术可以通过添加催化剂、抗爆剂、抗烟剂、抗腐剂等物质来实现，可以提高油品质量 $10\%\sim20\%$。

油品替代技术：通过使用清洁能源或可再生能源替代传统的石油燃料，降低油品的硫含量和碳含量，减少油品的温室气体和有毒气体的排放，提高油品的环境友好性和可持续性。油品替代技术可以通过使用液化天然气、生物柴油、氢能、电能等能源来实现，可以提高油品质量 $30\%\sim50\%$。

传统的船舶能效提升技术，通过提升船舶发动机能率和提高船舶油品质量，可以有效地降低船舶的能耗和排放，提高船舶的经济性和环境友好性，为航运业的可持续发展作出贡献。

二、船舶清洁能源替代技术

（一）液化天然气与甲醇

液化天然气（LNG）是一种由 CH_4 组成的低碳氢能源，具有较高的能量密度和较低的排放量。LNG 可以作为船舶的主要或辅助燃料，可以显著降低二氧化硫、氮氧化物、颗粒物和 CO_2 的排放。LNG 的优势在于其成本相对较低，供应相对充足，技术相对成熟，安全性相对较高。LNG 的缺点在于其储存和运输需要高压和低温的条件，占用较大的空间，增加了船舶的重量和成本。此外，LNG 的使用也会产生 CH_4 泄漏的问题，CH_4 是一种比 CO_2 更强的温室气体。

甲醇是一种由 CO 和 H_2 合成的有机化合物，可以作为船舶的替代燃料，可以降低二氧化硫、氮氧化物和颗粒物的排放。甲醇的优势在于其可以使用现有的石油基础设施进行储存和运输，不需要特殊的设备和改造。甲醇的缺点在于其能量密度较低，需要更多的燃料消耗，其成本也较高。此外，甲醇的使用也会产生一定的 CO_2 排放，而且甲醇本身是一种有毒和易燃的物质，需要注意安全和环境风险。

（二）生物燃料与动力电池

生物燃料是一种由生物质或生物废弃物转化而来的可再生能源，可以作为船舶的替代燃料，可以降低 CO_2 的排放。生物燃料的优势在于其可以利用现有的燃料系统和发动机，不需要大幅度的改造。生物燃料的缺点在于其供应和质量不稳定，其生产过程也会消耗大量的水、土地和能源，可能会影响食物安全和生态平衡。此外，生物燃料的使用也会产生一定的二氧化硫、氮氧化物和颗粒物的排放，而且生物燃料的成本也较高。

动力电池是一种利用电化学反应储存和释放电能的装置，可以作为船舶的辅助或主要动力来源，可以实现零排放。动力电池的优势在于其可以提高船舶的能效和性能，降低噪声和振动，减少维护成本。动力电池的缺点在于其能量密度较低，需要较大的空间和重量，其充放电速度和寿命也有限。此外，动力电池的使用也需要配套的充电设施和电网，而且动力电池的制造和回收过程也会产生一定的环境影响。

（三）氨、氢和核动力

氨是一种由氮和氢组成的无碳化合物，可以作为船舶的替代燃料，可以实现零排放。氨的优势在于其可以利用现有的天然气基础设施进行储存和运输，其能量密度也较高。氨的缺点在于需要高温和高压的条件，燃烧效率也较低。此外，氨的使用也需要改造现有的发动机和燃料系统，而且氨本身是一种有毒和腐蚀的物质，需要注意安全和环境风险。

氢是一种由氢原子组成的无碳能源，可以作为船舶的替代燃料，可以实现零排放。氢的优势在于其可以利用燃料电池或内燃机产生动力，其能量密度也较高。氢的缺点在于其需要极低的温度或极高的压力进行储存和运输，占用较大的空间和重量，其成本也较高。此外，氢的使用也需要改造现有的发动机和燃料系统，而且氢本身是一种易燃和易爆炸的物质，需要注意安全和环境风险。

核动力是一种利用核裂变或核聚变产生热能和电能的技术，可以作为船舶的主要动力来源，可以实现零排放。核动力的优势在于其可以提供持续和稳定的动力，其能量密度也极高。核动力的缺点在于其需要极高的技术和管理水平，其成本也极高。此外，核动力的使用也需要注意核安全和核扩散的问题，而且核动力的废料和事故也会产生严重的环境影响。

三、船舶基础设施保障技术

基础设施建设是实现水路交通绿色发展的重要保障，其中岸电建设是传统船舶中柴油机发电的电能替代手段。现阶段岸电应用已进入了快速发展状态。推动港航企业电能替代和船舶岸电建设，加快设施建设，推动岸电规模化发展，研究建立船舶使用岸电的相关行业标准，着力解决客滚船、集装箱船、邮轮和大型干散货船等船舶在使用岸电中的问题，推动岸电可持续发展，采取鼓励措施，做到船舶使用岸电应用尽用，促进船舶靠港使用岸电常态化。

在 LNG 船舶中，通过在内河沿线布局一定数量的 LNG 加注站或 LNG 船舶的综合服务站，加快 LNG 加注站与 LNG 储备码头的功能融合。

第四节　航空交通碳中和

"双碳"目标的提出给航空运输业带来了新的挑战。据统计，目前航空运输业碳排放占全球碳排放的 2%左右，且增长速度较快，是节能减排的重点领域之一。根据 BNP Paribas Bank 的调研，航空运输业的碳排放主要有三大来源，其中，飞机航空燃油燃烧约占排放总量的 79%，是民航业碳排放的"大户"。然而，以目前的技术水平，长航程的商用飞机将无法使用电力或者混合动力飞行。这意味着，在可预见的未来，航空业仍将继续依赖液体燃油。因此，如何在航空业尤其是航空燃油领域做"减法"，成为亟待破解的问题。

一、传统飞机能效提升技术

（一）飞机运营能力提高技术

提高运营能力是指通过提高航空公司日常的运营管理水平来达到节能减排的目的。航空公司通过对飞行机队、航路航线及飞行操作进行优化，从而达到节能减排的目的。机队的优化是指通过淘汰老旧机型、改造和维护现有的机型、选择合适的新机型等方法达到节省燃油的目的；航路航线的优化是指通过合理安排航路航线，最大限度地避免无限飞行，缩短航路航线，从而达到提高飞行效率、降低运营成本的目的；飞行操作的优化是指通过空管部门总结经验，制定详细的节油操作制度，如缩短起飞前的滑行距离及等待时间等。

（二）飞机推进提升技术

推进技术是影响飞机燃油效率的重要因素，提升推进技术是提高燃油效率，达到节能减排的重要手段。目前，专家学者主要是从降低飞机重量、减小飞行阻力和提高发动机效率三个方面来提升推进技术，从而达到节能减排的目的。在降低飞行重量方面，通过研发新型的复合材料和新型合金材料、改进飞机系统、提升制造工艺等方法来达到飞机轻量化的目的；在减小飞行阻力方面，利用流体动力学知识，对飞机进行数值模拟，研究设计流动模型，从而降低飞机的摩擦阻力；在提高发动机效率方面，通过对发动机的涂层、燃烧技术、材料、冷却技术和传感器等方面进行技术研发，从而提高发动机的燃料利用率，达到节能减排的目的。

（三）飞机地面设施优化技术

优化地面设施是指对机场的基础设施进行优化，目前主要通过七个方面对机场基础设施进行优化达到节能减排的目的，如图 6-22 所示。

二、飞机清洁能源替代技术

根据国际航空运输协会（international air transport association，简称 IATA）设定的民航节能减排三阶段目标，分别为：2009—2020 年，能源效率每年提高超过 1.5%；2020 年起，实现碳排放量不增加；到 2050 年，CO_2 排放

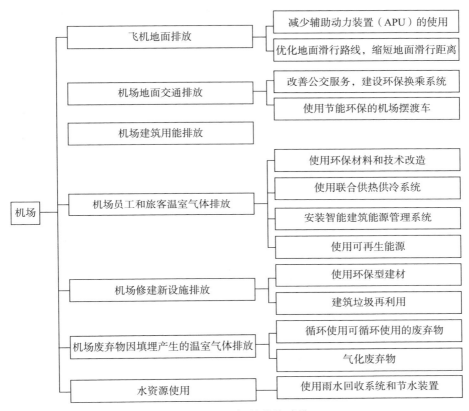

图 6-22　机场的节能减排

量比 2005 年减少 50%。IATA 预测，20% 的碳减排可通过改进发动机性能、减轻飞机重量和提高运行效率实现；10% 的减排可通过改善航空基础设施实现；剩余 50% 的减排需依赖新能源的使用。因此，民航部门新能源的研究、开发和应用具有极大的理论和实际意义。使用新能源主要解决两大问题：一是减少对化石能源的依赖，应对能源短缺问题；二是出于经济和环保考虑，使用低碳可再生能源有助于显著减少碳排放，实现低碳经济发展。

　　在新能源特别是民航部门替代能源大规模使用前，需全面评估其固有属性、与现航空运输系统的兼容性、生产成本和使用技术等。国际上对航空替代燃料的基本要求是具备 "drop-in" 兼容性，即替代能源应易于使用，不需要对现有基础设施、飞机型号和发动机等硬件进行大幅改动，能与传统航空燃料直接互换。

　　采用新能源来替代传统航空煤油作为飞机燃料也是航空领域节能减排的重

要手段之一。目前，主要的替代能源包括天然气合成燃料、液氢燃料、煤基燃料和生物燃料四种。使用可再生的新能源一方面可以解决对化石能源的依赖问题，另一方面可以达到环保的目的，有利于航空领域实现碳中和目标。

航空和航运行业由于需要高能量高密度的燃料，其能源转型主要依赖于三种技术路径：首先是低排放燃料替代技术，即通过使用先进的生物燃料来替代传统燃料，改进航空和航运的动力系统。预计到 2050 年，生物燃料将分别占航空和航运总燃料消耗的 45% 和 20%。其次是新型动力技术的发展，特别是研发以 H_2 为燃料的新型航空发动机。最后是超高能量密度电池技术的进步，这将满足短途飞行或短距离航运的需求。

民航运输的低碳化主要方向是向生物质燃料转型。鉴于现有基础设施和技术条件，航空领域在现有技术体系下难以实现深度减排，因此需要加速生物航煤、氢能、电力等零碳技术的研发。从燃料能量密度、技术成熟度和改造成本来看，生物质燃料极有可能成为未来航空业低碳转型的主流选择。在过去的 10 年中，全球已有超过 24 万个航班使用生物质燃料。研究显示，相比于常规燃料，使用生物质航空燃料在巡航状态下可以降低 60%～98% 的碳排放，且生物质燃料可以直接与现有航空煤油混用，尽管目前其成本高于传统航煤。

电动化方案由于功率和续航里程的限制，未来主要适用于小型化短途支线客机。研究表明，在飞行场景中，氢能的能效是传统喷气机燃料的三倍以上，全生命周期的碳排放量比航空煤油减少了 98.6%。因此，一旦技术上取得重大突破，氢能在民航客机领域具有规模化应用的潜力。

三、推动我国交通领域碳中和的主要措施

（一）优化交通结构，提高交通效率

优化交通结构是降低交通运输能耗和碳排放的基础，也是提高交通效率和服务水平的关键。要充分发挥铁路、水运、公共交通等低碳交通方式的优势，优先发展公共交通和绿色出行，提高客运结构的公共化水平和货运结构的集约化水平，减少交通拥堵和空驶，提高交通运输的效率和安全性。

（二）推进交通能源的清洁化，提高交通节能

推进交通能源的清洁化是降低交通运输碳排放的核心，也是提高交通节能和环境保护的重要途径。要加快发展新能源汽车和先进航空燃料，提高交通能源的清洁度和多样性，促进交通能源的替代和节约，降低交通运输的能耗和污染。要加强交通设施的节能改造和管理，提高交通设备的节能性能和智能化水平，提升交通运输的能效和质量。

（三）加强交通碳排放的监测和管理，提高交通碳减排

加强交通碳排放的监测和管理是实现交通运输碳中和的保障，也是提高交通碳减排的有效手段。要建立健全交通碳排放的统计和核算体系，完善交通碳排放的监测和报告机制，提高交通碳排放的透明度和可追溯性。要制定和实施交通碳排放的控制和减排目标，建立和完善交通碳排放的激励和约束机制，提高交通碳排放的责任和压力。

（四）深化交通领域的国际合作，提高交通碳中和的影响力

深化交通领域的国际合作是推动交通运输碳中和的动力，也是提高交通碳中和的影响力的重要途径。要积极参与和推动全球气候治理和交通低碳转型的国际进程，加强与主要国家和地区的交流和协调，提高我国在交通碳中和领域的话语权和影响力。要加强交通领域的技术创新和合作，推广和应用先进的交通技术和管理经验，提升我国在交通碳中和领域的创新能力和竞争力。

推动我国交通领域碳中和是我国应对气候变化的重要举措，也是我国交通运输的必然选择。要从优化交通结构、推进交通能源清洁化、加强交通碳排放监测和管理、深化交通领域国际合作等方面入手，采取有效的措施，实现交通运输的绿色低碳转型，为我国碳达峰和碳中和目标的实现贡献力量。

第七章
结　论

　　目前，新一轮科技革命和产业变革深入发展，全球气候治理呈现新局面，新能源和信息技术紧密融合，生产生活方式加快转向低碳化、智能化，能源体系和发展模式正在进入非化石能源主导的崭新阶段。碳达峰、碳中和目标已成为我国社会共识，对碳达峰、碳中和技术的开发和利用，能够实现能源供给侧的结构均衡和技术优化，实现产业升级和高质量发展；有利于实现经济高质量发展和促进生态环境改善，有利于能源转型和能源革命。加快构建现代能源体系是保障国家能源安全，力争如期实现碳达峰、碳中和的内在要求，也是推动经济社会高质量发展的重要支撑。同时，实施碳达峰、碳中和战略是我国生态文明建设的战略举措。这一战略目标是硬性指标，是国家开展能源革命、治理环境污染、减少温室气体排放、建设生态文明和美丽中国、推动我国经济持续高质量发展、实现中华民族永续发展的内在要求。特别是，实施碳达峰、碳中和战略，实施能源革命，不仅有利于国家加快构建清洁低碳、安全高效的能源体系，维护国家能源安全，还有利于国家低碳技术与新能源产业潜力优势的充分发挥，从而促进国际能源新标准和能源产业链条的建设完善。本书旨在把碳达峰、碳中和的理念、目标、技术等全面地普及到行业和社会，提升碳达峰、碳中和科技与产业发展，加快碳达峰、碳中和人才培养，为全面建设社会主义现代化国家作出应有的贡献。

参考文献
REFERENCES

段翠久，2012. 煤的循环流化床富氧燃烧及排放特性研究 ［D］. 北京：中国科学院研究生院.

傅志寰，2017. 交通强国的战略目标 ［J］. 中国公路 （21）：24-25.

高长明，2010.2050 世界水泥可持续发展技术路线图 ［J］. 水泥技术 （1）：17-19.

交通运输部，2021. 绿色交通"十四五"发展规划 ［EB/OL］. https://www. beijing. gov. cn/zhengce/zhengcefagui/qtwj/202202/t20220228 _ 2617868. html.

孟春，陈建国，2009. 大型枢纽机场节能减排管理研究 ［J］. 中国民用航空 （4）：31-33.

帅石金，王志，马骁，等，2021. 碳中和背景下内燃机低碳和零碳技术路径及关键技术 ［J］. 汽车安全与节能学报 （4）：417-439.

王辅臣，2021. 煤气化技术在中国：回顾与展望 ［J］. 洁净煤技术 （1）：1-33.

王海林，何建坤，2018. 交通部门 CO_2 排放、能源消费和交通服务量达峰规律研究 ［J］. 中国人口·资源与环境 （2）：59-65.

吴中伟，陶有生，1999. 中国水泥与混凝土工业的现状与问题 ［J］. 硅酸盐学报 （6）：734-738.

杨冬生，2020.PHEV 混合动力专用高效发动机技术现状及未来发展趋势 ［C］. 比亚迪插电式混合动力专用高效发动机技术品鉴会.

杨增科，樊瑞果，石世英，等，2021. 基于 CIM＋的装配式建筑产业链运行管理平台设计 ［J］. 科技管理研究 （19）：121-126.

姚兴佳，刘国喜，朱家玲，等，2010. 可再生能源及其发电技术 ［M］. 北京：科学出版社.

张婧，2020. 日本办公建筑低碳设计策略研究 ［D］. 西安：西安建筑科技大学.

张涛，2022.《2030 年前碳达峰行动方案》解读 ［J］. 生态经济 （1）：9-12.

赵航，史广奎，2012. 混合动力电动汽车基石 ［M］. 北京：机械工业出版社.

中国建筑材料联合会，2021. 中国建筑材料工业碳排放报告 （2020 年度）［J］. 石材 （5）：3-5，54.

中国汽车技术研究中心有限公司，日产投资有限公司，东风汽车有限公司，2021. 中国新能源汽车产业发展报告 （2021）［M］. 北京：社会科学文献出版社.

中国人民政协网，2021. 交通碳减排提速迫在眉睫 ［EB/OL］. http://www. rmzxb. com. cn/c/2021-05-18/2857335. shtml.

中国人民政治协商会议全国委员会，2021. 实现碳达峰、碳中和，面临哪些挑战？委员解读中央经济工作会议精神 ［EB/OL］. http://www. cppcc. gov. cn/zxww/2020/12/22/ARTI1608605549528393. shtml.

中华人民共和国公安部，2022. 2021 年全国机动车保有量达 3.95 亿新能源汽车同比增 59. 25% [EB/OL]. https://app. mps. gov. cn/gdnps/pc/content. jsp? id=8322369.

European Environment Agency，2018. GHG emissions by sector in the EU-28，1990—2016 [EB/OL]. https://www. eea. europa. eu/data-and-maps/daviz/ghg-emissions-by-sector-in # tab-chart _ 1.

Frey S D，Lee J，Melillojm，et al. ，2013. The temperature response of soil microbial efficiency and its feedback to climate [J]. Nature Climate Change (4)：395-398.

Ijima S，1991. Helical microtubules of graphitic carbon [J]. Nature (6348)：56-58.

International Energy Agency，2009. Transport，energy and CO_2：Moving toward sustainability [M]. Paris：IEA Paris.

Natalis M，Schuur E A，Mauritz M，et al. ，2015. Permafrost thaw and soil moisture driving CO_2 and CH_4 release from upland tundra [J]. Journal of Geophysical Research：Biogeosciences (3)：525-537.

Osborne，D，2013. The coal handbook：Towards cleaner production：volume 2：Coal utilisation [M]. Cambridge：Woodhead Publishing.

Yi XW，Zhang Z，Liao ZW，et al. ，2022. T-carbon：Experiments，properties，potential applications and derivatives [J]. Nano Today (42)：101346.

Zhang S D，Chen C Y，2012. The Experience of the low-carbon economic development in the developed countries [J]. Advanced Materials Research (2012)：3692-3695.